HISTOIRE

DE LA

MALADIE DES POMMES DE TERRE

EN 1845

IMPRIMERIE D'E. DUVERGER
RUE DE VERNEUIL, N° 4.

HISTOIRE

DE LA

MALADIE DES POMMES DE TERRE

EN 1845

PAR M. J. DECAISNE

AIDE-NATURALISTE AU MUSÉUM D'HISTOIRE NATURELLE DE PARIS

PARIS

LIBRAIRIE AGRICOLE DE DUSACQ

Éditeur de la Maison rustique et du Bon Jardinier

RUE JACOB, N° 26

1846

1845

Mon intention était de limiter ce travail à l'exposé de mes recherches anatomiques; mais en y réfléchissant, j'ai cru plus utile de publier aujourd'hui une histoire de la maladie des pommes de terre et de réserver, pour un recueil spécial, une Notice accompagnée de dessins propres à éclaircir la question au point de vue purement botanique.

Aux yeux de quelques-uns de mes lecteurs, mon travail semblera peut-être brusquement terminé : je ne me dissimule pas qu'il aurait bien plus de valeur si j'avais pu y ajouter un résumé indiquant l'étiologie complète de la maladie, c'est-à-dire les causes médiates et immédiates qui l'ont produite, les circonstances locales et générales qui en ont modifié si diversement les formes, les conditions extérieures qui ont favorisé la naissance de tant d'êtres différents, et enfin les moyens d'arrêter et de prévenir les altérations qui tendent à détruire le végétal le plus précieux que nous ait fourni le Nouveau-Monde. Quelques-uns l'ont tenté. Mais en ce qui me concerne, je dois l'avouer franchement, dans l'état actuel de la science, il ne m'eût été possible d'établir que des hypothèses gratuites ou des données incomplètes; je me suis donc abstenu.

L'anatomie botanique a fait, à l'aide du microscope, d'immenses progrès depuis un quart de siècle, et dans la question qui nous occupe, j'ai tâché de mettre à profit toutes ses découvertes; mais la pathologie des végétaux est encore enveloppée dans une profonde obscurité, sans toutefois qu'on ait droit d'accuser le zèle des botanistes, puisque les deux points capitaux de la question, c'est-à-dire la non-contagion de la maladie et la conservation du principe amylacé, ont été démontrés par eux.

Pour moi, le désir d'être utile m'a soutenu dans un travail où j'ai éprouvé le chagrin d'être en dissentiment avec quelques savants que je respecte à de si justes titres; mais je me trouverai amplement récompensé de mes efforts si je parviens à faire comprendre aux cultivateurs que toutes les sciences qui ont pour objet l'étude de la nature se tiennent pour ainsi dire par la main, et ne peuvent se passer les unes des autres, et que l'agriculture, cette base de la prospérité publique, deviendra une véritable science quand ceux qui la pratiquent sauront éclairer leur expérience des lumières de l'anatomie et de la physiologie.

J'ai placé à la fin de mon travail la liste des auteurs qui ont écrit sur la maladie des pommes de terre; j'ai indiqué le titre de leurs Notices et le nom du journal dans lequel elles ont été insérées, de manière à faciliter plus tard toutes les recherches sur cet important sujet.

EXPOSÉ DE LA QUESTION

Depuis le mois d'août, la maladie des pommes de terre tient en éveil l'attention publique : on se croit menacé d'une disette, on s'alarme pour la santé des classes laborieuses auxquelles ce tubercule sert de principal aliment; on craint pour les récoltes prochaines; quelques esprits vont plus loin et présagent dans un avenir très rapproché la destruction d'un végétal sur lequel repose en partie la prospérité de notre agriculture.

Cette maladie, qui cette année s'est progressivement avancée de la Hollande jusqu'en France, commence à sévir dans les départements méridionaux.

Deux opinions diamétralement opposées ont été émises, dès le principe, sur la cause et les caractères que présente cette affection. Les uns rapportent cette cause à la présence d'un champignon par lequel la fécule se trouverait altérée et même détruite; les autres, au contraire, nient formellement l'action délétère du champignon et reconnaissent la conservation du principe amylacé.

Selon la première opinion, les tubercules se trouveraient privés de fécule, et par conséquent inutiles; selon la seconde, ils pourraient servir à la nourriture des animaux domestiques, ils seraient susceptibles de fournir le principe amylacé, ou enfin des eaux-de-vie par la distillation : en un mot on pourrait utiliser la récolte.

C'est cette dernière opinion que j'ai émise dans la séance de la Société philomatique du 30 août.

J'établissais le premier à cette époque :

Que la maladie des pommes de terre ne dépend point de la présence d'un *botrytis;* que celui-ci, comme les autres moisissures, les vibrions, les *acarus,* qui se développent sur les pommes de terre en voie de décomposition, sont l'effet et non la cause de l'affection qui les attaque aujourd'hui;

Que le *botrytis* et les autres champignons filamenteux ne se rencontrent point à l'intérieur du tubercule, au début de la maladie;

Qu'en général, la fécule se trouve en quantité presque aussi considérable vers les parties affectées que dans les parties saines;

Que les parties colorées en brun doivent cette coloration à une substance d'apparence granuleuse, qui s'insinue entre les utricules, les recouvre, sous forme d'enduit, et les pénètre de manière à envelopper les grains de fécule, sans néanmoins leur faire subir la plus légère altération;

Que les grains de fécule, extraits des utricules les plus fortement colorées en brun, sont recouverts et paraissent empâtés par cette substance;

Qu'en faisant bouillir les tranches minces des portions malades, on remarque à l'intérieur des utricules un réseau formé par la substance colorante qui enveloppait, avant l'opération, chacun des grains de fécule;

Que l'acidité du suc de la pomme de terre diminue, en raison de l'augmentation de la maladie, et j'en concluais que c'était la substance azotée du tubercule qui subissait la principale transformation;

Que, d'après tout ce qui précède, les tubercules les plus profondément altérés peuvent encore être employés avec avantage, soit pour en extraire le principe amylacé, soit pour en obtenir des eaux-de-vie par la distillation, et qu'ainsi la récolte était loin d'être complétement anéantie, comme on le supposait.

Ces faits capitaux étaient, comme on le voit, de nature à tranquilliser les cultivateurs.

M. Morren, au contraire, a vu dans la maladie l'effet d'un champignon parasite qui, après avoir atteint les organes foliacés, s'étendrait aux parties souterraines et deviendrait la seule cause de l'altération des tubercules. M. Montagne, de son côté, a eu la même pensée, en donnant à ce champignon le nom de *botrytis infestans*.

Voici en abrégé l'opinion de M. Morren sur

la maladie actuelle des pommes de terre ; il l'emprunte du reste presque entièrement à M. de Martius.

Selon lui la vraie cause du mal est un champignon qui commence à se montrer à la face inférieure des feuilles, fait perdre aux parties herbacées leur couleur verte pour les faire tourner au jaune, puis au brun. Cette tache jaune se couvre, le lendemain de son apparition, d'un duvet blanchâtre formé par le *botrytis* qui pullule et se reproduit par milliards. De cette tache jaune des feuilles la maladie s'étend aux tiges dont l'épiderme jaunit et brunit à son tour; la séve, modifiée et malade, porte le poison de la feuille dans la tige, et de cette dernière dans le tubercule. Si le mal suit son cours, le tubercule se gangrène. Du moment où la pomme de terre est gangrenée, il suffit de peu de jours, trois au plus, pour que le champignon se montre au dehors. On voit le duvet blanc se déclarer aux yeux du tubercule, puis s'étendre en légers flocons sur une surface arrondie d'abord, mais qui suffit pour envahir le tubercule tout entier. La pomme de terre est alors complétement perdue. En examinant les changements que subissent les tissus, par suite de la présence de ce champignon, M. Morren a remarqué que les utricules, dans lesquelles s'organise la fécule, sont entièrement modifiées, que l'albumine est détruite, que le suc végétal devient jaune, ainsi que les grains de fécule qui se concrètent, se réunissent, se décomposent, et qu'une gangrène les frappe et les réduit en petites masses informes.

Pour remédier au mal, M. Morren, comme M. de Martius, propose de faucher les tiges et de les brûler, ainsi que les pommes de terre malades; de remplacer les tubercules-semences qui doivent être infectés des graines ou sporules du *botrytis* par des tubercules étrangers; de chauler les tubercules destinés aux semailles; enfin de gratter les murs et de badigeonner à la chaux les caves dans lesquelles on aurait déposé les tubercules malades, afin de détruire tous les germes du *botrytis* qui auraient pu s'y déposer. En un mot, il y aurait contagion.

Le mal est grand, comme on le voit, mais l'est-il autant qu'on semble le croire? C'est un point que je vais discuter.

Dans ma conviction, on a été beaucoup au delà de la réalité, et on a alarmé sans fondement les populations agricoles. En exagérant les pertes qu'elles doivent éprouver, en leur faisant redouter l'action d'une végétation cryptogamique spéciale, on leur a fait abandonner sur les champs, au moment de la récolte, une masse énorme de produits qu'elles auraient pu utiliser sans le moindre danger.

La communication que j'ai eu l'honneur de faire à la Société philomatique n'était que le commencement d'un travail où je me suis proposé d'étudier les modifications imprimées aux tissus de la pomme de terre par la maladie qui la frappe cette année. Je me suis donc appliqué à les y découvrir et à fixer leurs caractères. J'ai étudié les tubercules sains et les tubercules les plus malades que j'ai pu obtenir, en m'attachant à ceux où l'altération, tantôt évidente et profonde, tantôt indiquée seulement par de légères modifications extérieures, ne dénotait, pour ainsi dire, aucune lésion essentielle des tissus, comme si les tubercules eussent été parfaitement sains.

Afin de me mettre en dehors de toute chance d'erreur sur la nature de la maladie, je me suis procuré des tubercules et des tiges des différentes provinces de la Belgique, les uns achetés directement sur les marchés de Liége, de Gand et de Bruxelles, les autres recueillis dans la campagne, et accompagnés de tiges. Je crois, à cet égard, avoir opéré sur des pommes de terre semblables à celles que M. Morren a étudiées de son côté.

D'une autre part, M. Schuremans, jardinier en chef à l'Université de Leyde, m'envoya, à diverses reprises, de son propre jardin ainsi que des environs de Leyde, une collection de tubercules malades dans lesquels j'ai trouvé tous les éléments d'une étude complète. Leur seul aspect me montra d'abord que la maladie qui s'était déclarée en Hollande était identique avec celle qu'on a reconnue, peu de jours après, en Belgique, et plus tard en France.

Des tubercules malades m'ont été adressés de presque tous les points des environs de Paris. J'ai examiné sur place les cultures à Chatenay, Fontenay, celles de la plaine de Montrouge et de Montmorency qui appartiennent au terrain sablonneux, celles des plateaux de la Brie et de la vallée de la Marne. MM. Vilmorin et Elisée Lefèvre m'en ont remis de leurs cultures, j'ai eu à ma disposition la collection du Muséum et les grandes cultures de la Salpêtrière.

Toutes les pommes de terre provenant de ces divers points m'ont constamment offert une altération différente de celles signalées par MM. Morren et Montagne. Et, je dois le faire remarquer, si quelque chose a lieu de me surprendre, c'est notre divergence d'opinion. Mon intention, du reste, en cherchant à réfuter l'idée contraire à la mienne, n'est pas d'entamer une polémique. Le simple exposé des faits suivi de quelques réflexions suffira, je l'espère, pour montrer ce qu'il faut en admettre et en rejeter.

Mais afin d'éclaircir davantage encore le sujet qui a si souvent fait l'objet de communications graves devant l'Académie, je me suis proposé d'étudier les différents organes du *Solanum tuberosum*, soit à l'état sain, soit à l'état malade, et de rechercher si cette altération brune des tubercules n'avait point d'analogie avec celle que présentent annuellement certains végétaux. Toutes les personnes qui ont écrit sur la maladie des pommes de terre, ont négligé jusqu'à présent d'examiner attentivement et de comparer les altérations que présentent les tubercules avec celles des feuilles et des tiges. Il était pourtant essentiel, à mon avis, de les décrire exactement et d'entrer dans quelques détails à cet égard, puisque ces connaissances préalables sont les seules qui puissent nettement indiquer la nature des ravages, et peut-être les causes dont ils dépendent.

Préférant donc l'expérience aux déductions et aux hypothèses à l'aide desquelles on a trop souvent essayé d'expliquer la maladie des pommes de terre, je me suis attaché à rechercher, par l'anatomie, les caractères des différentes altérations que m'ont offerts les feuilles, les tiges et les tubercules.

HISTOIRE

DE LA

MALADIE DES POMMES DE TERRE

CHAPITRE Ier.

Examen comparatif des parties aériennes à l'état sain et à l'état malade.

§ Ier. — Des feuilles.

Je rappellerai en peu de lignes la structure anatomique des feuilles. Celles de la pomme de terre ne m'ont rien présenté de particulier. Leur épiderme, composé de cellules sinueuses, porte, en nombre plus ou moins considérable, des poils raides, articulés, couverts de petits tubercules, et des poils glanduleux terminés par une sorte de sphère formée par la réunion de deux ou de quatre utricules. Sur les feuilles fraîches et saines, ces petites sphères sont remplies d'un liquide jaune oléagineux, tandis que les poils à surface granuleuse contiennent une substance mucilagineuse grisâtre. Le parenchyme se partage en deux régions : la supérieure se compose d'utricules oblongues, fortement unies les unes aux autres et gorgées de matière verte ; l'inférieure, au contraire, est formée de vésicules arrondies à peine réunies et laissant entre elles de nombreuses lacunes.

Les feuilles ne m'ont point présenté dans leur altération un caractère uniforme. Tantôt elles ont commencé par jaunir, tantôt au contraire elles ont pris, presque subitement, une teinte brune analogue à celle des feuilles mortes. On a comparé avec justesse cette altération à celle qu'aurait produite sur les feuilles l'action du feu, et c'est, on le sait, la teinte que prennent les feuilles gelées.

Dans cet état, si on examine les organes, on voit que les poils ont d'abord perdu de leur transparence et renferment, vers les points de contact de chacune des utricules dont ils se composent, une quantité plus ou moins considérable de matière jaune, et qu'enfin le liquide des poils globuleux a pris lui-même une teinte d'un brun orangé des plus intenses.

L'épiderme qui, sur les feuilles saines, s'enlevait avec facilité, adhère fortement au tissu sous-jacent dont les membranes, ainsi que la chlorophylle, sont colorées en brun.

Nous voyons donc apparaître sur les parties

foliacées les premiers indices de la matière brune qui relie les parties; mais si toutes les utricules du parenchyme adhèrent entre elles et paraissent soudées, il n'en est pas de même du système vasculaire. Les vaisseaux ne semblent avoir subi aucune altération ; les trachées se déroulent avec facilité et ne démontrent de même aucune trace de matière brune.

Les vaisseaux ne paraissent donc point transporter le liquide brun.

Les altérations du parenchyme m'ont paru identiques avec celles que présentent toutes les feuilles mortes. Il suffit pour s'en convaincre d'examiner comparativement celles des arbres de nos promenades et de la plupart des plantes herbacées qui brunissent en se détachant des rameaux.

Quant au nombre des champignons qu'on rencontre sur les feuilles des pommes de terre détruites dans ces derniers temps, il est assez considérable, mais le même fait peut s'être reproduit chaque année et avoir échappé à l'observation, et, d'après mes recherches, on peut d'autant moins en conclure relativement à la contagion que toutes les feuilles de tilleul, de marronnier, de sureau, ramassées sur le sol par ces temps humides, m'ont offert à l'intérieur du parenchyme des filaments de *monilia*, *botrytis*, etc.

Parmi les mucédinées signalées depuis peu

sur les feuilles de la pomme de terre, c'est au *botrytis* qu'on a fait jouer le principal rôle. M. Morren lui a attribué tout le dégât et, à raison même de l'action qu'il lui accordait, M. Montagne, lui a appliqué le nom d'*infestans*, quoique l'on sache néanmoins que la plupart des espèces de ce genre végètent à la surface des feuilles ou des tiges herbacées d'une foule de plantes sans nuire à leur végétation et sans même changer notablement leur couleur.

M. Morren a inoculé les spores du *botrytis* de manière à déterminer ainsi la production du champignon sur des feuilles saines. Cette expérience de contagion ne m'a pas réussi. Du reste, il est difficile d'admettre l'introduction des spores à travers les stomates, car l'ouverture de ces derniers est de beaucoup plus étroite que le volume des spores elles-mêmes. On comprendra plus difficilement encore la modification de la séve par le transport de ces seminules jusques aux tubercules à travers les méats intercellulaires et les vaisseaux.

Je ferai deux remarques à cet égard : la première c'est que toutes les mucédinées ont besoin du contact de l'air pour produire leurs spores, et que toutes les pommes de terre malades, loin de me présenter le *botrytis* à leur surface, m'ont offert au contraire le *fusarium*, le *penicillium glaucum*, le *trichothecium roseum*, le *verticillium tenerum*, etc.; la seconde c'est qu'il n'y a pas d'exemple d'une mucédinée qui, en se développant sur les parties herbacées, entraîne la destruction des parties voisines. Leur action est toute locale, et les énormes *Ustilago maïdis, U. orobanches*, Lév. (*tuburcina*) qui attaquent le maïs et les orobanches qui vivent sur le chanvre, en sont des exemples frappants.

Ainsi pour moi la coloration brune des feuilles n'est point liée à la présence d'un *botrytis*.

Je vais essayer de démontrer qu'il en est de même à l'égard des tiges et des tubercules, et qu'il faut considérer cette matière brune comme une altération des liquides, à laquelle se trouve liée celle des membranes.

§ II. — Tiges.

J'ai pris une tige saine ayant acquis un centimètre d'épaisseur, couverte de rameaux et de feuilles. L'examen microscopique d'une tranche horizontale très mince m'a montré une structure générale semblable à celle de beaucoup d'autres tiges herbacées, mais différente cependant à certains égards. Les caractères communs sont : une écorce composée de dehors en dedans par une ou plusieurs rangées d'utricules transparentes appartenant à l'épiderme; au-dessous une zone d'utricules d'un calibre assez petit, à parois épaisses, séparées les unes des autres par une substance transparente homogène ou presque opaline.

Ces utricules représentent le liber, comme on peut s'en convaincre en les observant sur une coupe verticale. Elles se montrent alors placées bout à bout comme de petits tubes de verre. Au-dessous de cette zone, et se confondant, pour ainsi dire, en quelques points avec elle, on remarque une couche de larges utricules arrondies parsemées à l'intérieur de quelques grains de chlorophylle. Immédiatement après se trouve la couche de cambium. La portion ligneuse présente un caractère spécial : elle forme un cercle continu, mais beaucoup plus développé cependant au point correspondant à l'insertion des feuilles ; ces parties plus larges sont seules munies de vaisseaux ; les autres au contraire sont composées uniquement de clostres ou fibres ligneuses ponctuées, peu résistantes et semblables en cela aux fibres des autres plantes herbacées. Les vaisseaux, en général assez volumineux, présentent des parois ponctuées, rayées ou annelées, à tours de spires plus ou moins réguliers et rapprochés de manière à remplir ainsi les fonctions des véritables trachées, dont je n'ai pu que fort rarement constater la présence. La moelle occupe à elle seule la plus grande partie du disque ou de l'espèce de triangle que présente la coupe horizontale d'une tige. De grandes utricules d'une transparence parfaite, parsemées de quelques grains de chlorophylle, en occupent le centre et ne m'ont presque jamais offert ces groupes ou amas de cristaux si communs dans la plupart des végétaux herbacés.

Tels sont les caractères que m'a démontrés de l'extérieur à l'intérieur l'anatomie des tiges du *solanum tuberosum*.

Voici maintenant ce que m'ont constamment présenté de jeunes tiges malades avant l'entière destruction de la moelle.

Les utricules épidermiques jaunissent d'abord et acquièrent par la suite une couleur brune très prononcée. Cette première coloration est due à une altération du contenu des utricules; en effet, on voit les grains de chlorophylle recouverts d'une substance jaune qui s'applique en outre intimement sur la membrane cellulaire.

De plus, la substance interposée entre les fibres du liber, au lieu de conserver sa transparence et sa teinte opaline, se colore également en jaune. Cette coloration, qui va en s'affaiblissant de la circonférence au centre, peut se suivre encore entre les cellules du parenchyme cortical. Le système vasculaire ne présente aucun caractère spécial. Les parois des tubes ont conservé toute leur transparence et la netteté de leur ponctuation ou de leurs raies; les vaisseaux annelés, les fausses trachées déroulent leur fibre avec toute leur facilité ordinaire et sans montrer aucune trace soit de filaments, soit de granules qui les auraient traversées ou qui se seraient déposés contre elles. En général, les utricules médullaires ne présentent aucune différence avec celles des tiges saines; cependant on en rencontre quelques-unes qui ont perdu leur transparence; elles sont alors de couleur fauve, isolées au milieu d'autres utricules transparentes ou bien disposées en petits groupes dispersés au centre de la moelle. Il n'est pas rare, chez ces tiges altérées, de rencontrer quelques filaments de mucédinée au milieu des utricules médullaires. Dans ce cas ils m'ont paru ramper contre les parois, en tapisser la surface et profiter, pour s'étendre, des méats ou de l'intervalle laissé entre deux utricules. Ces filaments s'observent indifféremment sur des utricules saines et sur des utricules brunies. Tantôt on en trouve un seul, duquel partent quelquefois en divergeant plusieurs rameaux de même diamètre; tantôt plusieurs tubes distincts se réunissent pour former une sorte de faisceau. Mais ces modifications ne méritent d'être signalées qu'afin de prémunir contre l'idée d'une sorte de germination de laquelle naîtrait une touffe de filaments. Je vais faire remarquer encore que dans certains cas on observe sur la paroi cellulaire une sorte de réseau irrégulier, large et granuleux. Ce réseau appartient à l'utricule primordiale au moment où elle se résorbe. Je viens de faire connaître les caractères que présentent les tiges au début de l'altération. Plus tard, la coloration en brun de l'épiderme ou du liber devient plus intense; les utricules du parenchyme cortical s'affaissent et dessinent à la surface de la tige des taches noires plus ou moins étendues. Si on soumet à l'examen microscopique un mince lambeau de cet épiderme ainsi noirci, on reconnaît que les cellules, déjà colorées en brun, doivent cette intensité de coloration à des groupes d'une mucédinée (*helminthosporium*) dont les filaments, composés eux-mêmes d'utricules brunes très petites et serrées, forment les taches noires qu'on aperçoit à l'œil nu.

Le nombre de ces tiges, que j'ai examinées, a été assez considérable pour ne me laisser aucun doute sur la cause de cette coloration. Celle-ci du reste, se remarque annuellement, ainsi que les taches causées par le *Vermicularia Dematium*, qui produit si communément, à la surface des vieilles tiges du solanum enfouies sous terre, ces petits tubercules noirs surmontés de quelques soies raides. Cependant à ces végétaux microscopiques on voit s'en mêler d'autres, si les tiges sont restées exposées à l'humidité.

Ce sont ceux que nous avons déjà signalés sur les feuilles et qu'on rencontre sur la plupart des corps en décomposition. Il suffit de nommer les *fusarium*, le *penicillium glaucum, trichothecium roseum, verticillium tenerum,* etc. Mais si, au contraire, les tiges se sont trouvées exposées à la sécheresse, loin de noircir elles blanchissent; l'épiderme décoloré s'applique sur le tissu ligneux, et on observe alors à la surface du sol des rameaux desséchés et blanchâtres.

Quant à la destruction des tiges, elle n'a été partout cette année ni instantanée ni complète. On a trop généralisé à cet égard. Ainsi, j'ai souvent rencontré de jeunes rameaux vivants à l'aisselle de feuilles complétement détruites. En assistant à la Salpêtrière, à l'arrachage des tubercules, nous avons rencontré fréquemment des tubercules suspendus à des rameaux pleins de végétation quoique cependant toutes les parties aériennes fussent complétement détruites; tantôt, au contraire, nous avons recueilli des tubercules malades au pied de tiges parfaitement saines; tantôt enfin, et sur un même rameau, nous avons observé des tubercules sains et des tubercules malades. En général, ceux-ci se trouvaient placés plus profondément que les autres.

Cependant, en examinant les portions souterraines, on voyait le plus ordinairement que la dessiccation et la destruction des tiges s'étaient étendues aux rameaux auxquels se trouvaient primitivement suspendus les tubercules. Au Muséum, par exemple, où les tiges n'avaient point été buttées, on trouvait les tubercules libres et, pour ainsi dire, étendus à la surface du sol et parfaitement sains.

Les minutieux détails dans lesquels je suis entré en parlant des tiges et des feuilles me permettront de passer rapidement sur la description des organes qui constituent la masse totale d'un tubercule de pomme de terre.

Mais avant de continuer, rappelons que l'altération des tiges s'est manifestée par une coloration jaune du parenchyme externe ou cortical, et que cette coloration s'est avancée de l'extérieur à l'intérieur.

Nous allons voir qu'il en sera de même à l'égard des tubercules.

La pomme de terre, on le sait, n'est point une racine : c'est un rameau souterrain tuméfié, ou une sorte de loupe qui se forme à leur extrémité et dont le tissu renferme une énorme quantité de fécule. Si on coupe un tubercule par la moitié, on voit distinctement vers la circonférence une zone d'une teinte particulière, et, en outre, des marbrures de même apparence. En observant une tranche mince de ce tubercule à travers jour, la zone et les marbrures paraissent transparentes. Cette transparence tient à la nature vasculaire des tissus. En effet, comme les vaisseaux et les fibres qui les entourent renferment un liquide, ils sont, par conséquent, plus transparents que le tissu environnant qui constitue la totalité de la pomme de terre, composée d'utricules rendues opaques par la fécule. J'appelle l'attention sur la transparence des marbrures, car dans plusieurs écrits ces parties vasculaires ont été prises, je le crois, pour des utricules dépourvues de fécule. L'erreur est facile pour des personnes auxquelles l'anatomie des tissus végétaux est peu familière.

§ III. — Caractères que présentent les tubercules malades.

Malgré l'étendue des ravages exercés sur toutes les tiges d'une pièce de terrain plantée en pommes de terre, il est rare de voir chacune des touffes entièrement chargée de tubercules avariés ; leur nombre est très variable, et comme, j'ai déjà eu occasion de le faire remarquer, il m'est arrivé souvent de rencontrer des tubercules parfaitement sains au pied de tiges complétement détruites. On ne peut également rien établir d'absolu relativement à la place qu'occupent les tubercules sains ou les tubercules malades. Tantôt les premiers se trouvent à la superficie, tantôt au contraire ce sont les seconds, tantôt enfin, et sur un même rameau, on observe des tubercules malades et des tubercules sans la plus légère trace d'altération. J'en ai présenté un exemple remarquable à la Société royale d'horticulture.

En général, le tubercule commence à s'altérer dans la région voisine du point d'insertion, mais ce caractère n'est pas sans exception; il m'est arrivé de retirer du sol des tubercules chez lesquels l'altération se manifestait précisément au point opposé; d'autres fois enfin, et c'est, je crois, le cas le plus ordinaire, le tubercule présente des taches disposées très irrégulièrement et sans connexion avec les yeux. Ces taches, quelquefois à peine visibles, s'étendent sur tout le tubercule de manière à lui donner seulement une teinte plus foncée et presque terreuse.

Si l'on coupe un de ces tubercules, on remarque à la périphérie une teinte brune qui indique le premier degré d'altération. Cette couleur brune est surtout prononcée vers l'extérieur. Plus tard elle s'avance vers l'intérieur, et, avec un peu d'attention, on ne tarde pas à l'observer sur des points circonscrits, entièrement entourés de tissus encore sains. Cette coloration brune s'arrête le plus ordinairement à un ou deux millimètres au-dessous de l'épiderme. Plus rarement on la voit atteindre le cercle ligneux ou vasculaire qui, dans les variétés violettes ou bleues, limite assez régulièrement la coloration.

Cet enduit brun des cellules ne forme pas de plaques continues. En effet, si on les examine avec attention à l'aide d'une simple loupe, on voit que la coloration est plus intense sur certains points, et qu'elle s'étend et disparaît à mesure qu'elle s'en éloigne pour se fondre avec les autres utricules voisines soit saines, soit colorées.

Ces taches ont été considérées comme un champignon d'une nature spéciale, mais, suivant la plupart des observateurs, elles sont dues à une altération des liquides; pour d'autres, elles sont déterminées par un liquide brun qui s'insinue entre les utricules du parenchyme et les colore; d'après d'autres enfin, cette coloration serait formée par une substance analogue à l'ulmine qui, tout en s'infiltrant dans les méats intercellulaires, finit par pénétrer les utricules et par empâter chacun des grains de fécule.

Toutes les pommes de terre avariées m'ont offert ces taches, moins étendues il est vrai sur les précoces que sur les variétés tardives. En Hollande et en Belgique les tardives rouges et les bleues ont été plus altérées que les blanches; les premières présentent presque toutes à la première vue, une teinte particulière, à l'aide de laquelle on reconnaît l'existence de la maladie.

Ces taches ne doivent être confondues ni avec les petites altérations de l'épiderme généralement circulaires, jaunâtres, rugueuses au toucher, répandues principalement sur les variétés de pommes de terre blanches et qui sont au contraire un indice de bonne qualité, ni avec les petites gerçures, sortes de lenticelles que présentent certains tubercules et par lesquelles s'échappe souvent la fécule durant les années humides et froides.

Tels sont les caractères que présentent les tubercules avariés au moment où on les arrache du sol et lorsqu'ils n'ont subi aucune lésion. Dans cet état, l'altération, tantôt partielle, tantôt générale, mais variant en profondeur sur un même tubercule, et à plus forte raison sur des tubercules différents, envahissant rarement l'épaisseur du parenchyme cortical, permet de les utiliser après un épluchage convenable et d'en conserver encore au moins les trois quarts qui fournissent une substance alimentaire de bonne qualité. Mais il n'en a pas été ainsi, et on a vu les cultivateurs, effrayés par les circulaires qu'on leur distribuait, jeter sur les routes et abandonner au milieu des champs des masses énormes de tubercules sur lesquels on voyait à peine quelques légères morsures d'insectes.

La maladie présente parfois d'autres caractères; ainsi, on a distingué plusieurs périodes dans l'altération des tubercules, mais pour moi ces altérations sont indépendantes, et ne s'enchaînent point nécessairement.

D'après MM. Pouchet, Girardin et Bidart, la maladie des pommes de terre offre quatre périodes.

Dans la première, le tissu du tubercule est à peine coloré, on y distingue de très petits granules d'un brun clair qui apparaissent à la surface de la membrane formant le tissu cellulaire ; ils sont surtout apparents dans les espaces intercellulaires. La fécule qui remplit les cellules affectées est tout aussi grosse et aussi abondante que dans les cellules saines.

Dans la deuxième période, le tissu de la pomme de terre a contracté une teinte brunâtre ; les granules bruns se sont multipliés à la surface des cellules ; ils sont serrés, d'un brun foncé, et envahissent des régions plus ou moins considérables des parois cellulaires. Les membranes qui constituent celles-ci contractent elles-mêmes une coloration brunâtre, mais sans être désorganisées. La fécule est dans l'état normal.

Dans la troisième période, les endroits affectés acquièrent encore une couleur brune plus foncée. Les granules bruns des parois cellulaires sont aussi plus foncés que précédemment, et celles-ci s'altèrent progressivement : d'abord elles se déchirent de place en place, puis elles se réduisent en lambeaux que l'on aperçoit épars de côté et d'autre, mêlés à la fécule, qui n'a pas subi la moindre altération.

Dans la quatrième période, le tissu de la pomme de terre est mou et d'une teinte grise. Les membranes cellulaires sont tout à fait détruites et réduites en granulations brunes très fines résultant de la désagrégation des parois cellulaires et des granules qui étaient apparents à la surface. Dans l'espèce de putrilage formé par la destruction de ce tissu nagent les grains de fécule, qui tous se sont encore conservés dans leur intégrité.

Ces trois premières périodes paraissent, suivant moi, appartenir à une seule et même altération; la matière brune augmentant, en effet, sans modifier ni les utricules ni leur contenu, on conçoit que chacun de ces états d'altération puisse rester stationnaire; mais il n'est pas rare, j'en conviens, surtout lorsque le tubercule a été meurtri, de le voir se désorganiser plus ou moins complétement en répandant une odeur infecte. Il se creuse aussi plus ou moins profondément au centre et finit par se vider, si la partie corticale s'est trouvée entamée soit par les vers blancs, soit par les limaces. Cependant, je crois devoir le faire remarquer, cette altération ne se trouve pas liée à la présence de la matière brune. Dans un grand nombre de cas, on remarque cette altération chez des tubercules sur lesquels on ne reconnaît aucune trace de l'altération précédente. Cet état de putrilage me semble identique à la *morve blanche* qu'on remarque sur les oignons des jacinthes, etc.

Il me reste à examiner dans ces tubercules putrilagés certains phénomènes auxquels on a attribué une grande valeur.

En observant attentivement les membranes utriculaires de ces tubercules, on les voit, pour ainsi dire, disparaître graduellement. Parfaitement homogènes à l'état normal, leurs parois prennent peu à peu une apparence granuleuse et s'amincissent au point de disparaître complétement, tout en conservant cependant, malgré leur extrême ténuité, les grains de fécule qu'elles renfermaient avant leur altération. Plus tard encore elles se désagrégent et flottent dans un liquide granuleux. Ces granules jouissent d'un mouvement moléculaire tellement actif, que j'aurais été porté à les prendre, ainsi que M. Payen, pour des infusoires monadiens d'une extrême petitesse si, dans une foule de circonstances, je n'avais déjà été témoin de l'agitation extraordinaire de semblables corpuscules au milieu desquels on reconnaît pourtant de véritables vibrions, aux formes linéaires. Depuis le 5 septembre, je conserve dans un verre une quantité notable de ce putrilage; son odeur s'est dissipée aujourd'hui, mais les corpuscules ont conservé leur forme et toute leur activité. L'iode, l'acide acétique, l'arséniate de potasse ne les ralentit en aucune manière, tandis que ces mêmes agents arrêtent non-seulement le mouvement des infusoires, mais encore les dissolvent plus ou moins complétement par diffluence.

En général, la plupart des tubercules avariés se couvrent à la surface de flocons plus ou moins nombreux si on les abandonne dans des lieux obscurs et humides. Ces flocons, qui souvent ont été pris à tort pour le *botrytis*, appartiennent à d'autres champignons microscopiques, soit à un *fusisporium* lorsqu'ils constituent des sortes de petits coussinets blancs, soit au *trichothecium roseum*, soit au *penicillium glaucum*, s'ils affectent l'une ou l'autre de ces nuances, soit enfin au *verticillium tenerum*, si le tubercule se couvre à la superficie de taches ocracées ou ferrugineuses.

Arrivés à cet état, les tubercules acquièrent, en se desséchant, une dureté extrême et participent des caractères assignés par M. de Martius à la gangrène sèche.

Je dois encore signaler une altération spéciale des pommes de terre. Il n'est pas rare de rencontrer annuellement au pied des tiges des tubercules complétement ramollis. Ceux-ci, qu'il ne faut pas confondre avec les tubercules-semences dont tout le principe amylacé se trouve absorbé pour subvenir au développement des tiges, prennent une teinte grise ou noire et laissent écouler, à travers leur épiderme et sans se déformer, une quantité considérable de liquide brun, assez limpide, et d'une odeur vireuse très prononcée. Mais dans cette altération les utricules restent agrégées, tandis que chez les tubercules putrilagés, au contraire, elles se séparent, comme l'a très bien remarqué M. Pouchet, et se réduisent en granulations d'une extrême ténuité.

Quoi qu'il en soit, les tubercules, à leur première période d'altération, se reconnaissent assez facilement; leur épiderme offre une teinte brune ou fauve qui contraste avec les parties voisines. A cette première période, la maladie mérite à peine ce nom, et peut se confondre avec une affection légère et locale de l'épiderme plus tard, la teinte brune s'étend et donne, surtout aux pommes de terre jaunes, l'aspect d'un fruit qui commence à se gâter. Ce caractère est moins sensible sur les variétés rouges ou violettes.

Plus tard encore, le tubercule cesse d'être uni et lisse; on y remarque des dépressions plus ou moins étendues, correspondant à chacune des taches; le tissu sous-épidermique paraît seul s'être contracté. Du reste, je n'ai aperçu aucune trace de champignons sur de semblables tubercules. Partout les cavités auxquelles correspondent les yeux ou les bourgeons m'ont paru nettes, et ne m'ont démontré aucune altération; j'ai sous les yeux des tubercules malades qui m'ont été envoyés de Hollande le 14 août, et qui aujourd'hui, après deux mois et demi de récolte, n'ont subi aucun changement appréciable.

Si l'on coupe en travers un tubercule attaqué récemment, on remarque que les utricules sous-épidermiques des portions malades ne diffèrent des parties saines que par un degré plus intense de coloration. Dans le voisinage des deux portions, les utricules se confondent; on ne distingue alors qu'une étroite zone brunâtre, plus ou moins régulière, à la périphérie du tubercule. A une époque plus avancée, on voit la coloration brune se prolonger vers le centre en partant de la circonférence, ainsi que nous l'avons remarqué pour les tiges.

Pour me rendre compte d'une manière satisfaisante de cette altération, j'ai suivi sur de jeunes et sur de vieux tubercules tous les changements qu'ils m'ont offerts jusqu'à la décomposition putride ou la dessiccation presque complète; mais comme dans le principe j'attribuais la maladie à la présence d'un champignon, j'ai donc commencé par en rechercher les traces à la face interne de l'épiderme, espérant y trouver soit un mycelium analogue à celui de la moisissure (*oïdium*) qui se manifeste sur les fruits gâtés et qu'on retrouve facilement sous leur épiderme, soit des filaments superficiels semblables à ceux du *rhizoctonia*, qui enlace et détruit parfois les tubercules de la pomme de terre, ainsi que nous l'a fait connaître M. le docteur Léveillé. Mais, malgré tous mes soins, il ne m'est point arrivé de rencontrer des filaments à l'intérieur des tubercules récemment attaqués.

Ainsi, d'après mes remarques, l'hypothèse de M. Morren ne satisfait pas à toutes les circonstances du phénomène.

Les rapides changements de forme que les taches obscures éprouvent, les espaces plus ou moins étendus que la maladie a envahis dans un temps très court lorsque le tubercule était placé dans un lieu humide, la promptitude avec laquelle les fanes et les tiges se sont flétries, ne permettent que difficilement de croire à l'action d'un champignon infestant.

Ainsi, dès son début, la maladie s'avance de l'extérieur à l'intérieur.

Je crois devoir bien préciser l'époque de l'altération à laquelle mes recherches ont été entreprises; car, plus tard, en enlevant un lambeau d'épiderme, il suffit de le soumettre à l'examen microscopique pour y apercevoir des filaments appartenant à des moisissures. Dans certains tubercules, ces filaments sont tellement nombreux qu'ils constituent une sorte de réseau à la face interne de l'épiderme; ces filaments se reconnaissent à la netteté de leurs contours, aux granules qu'ils renferment, et parfois aussi à leur coloration. Nous avons vu qu'il en était de même à l'égard des feuilles mortes dont on soumettait les tissus à l'examen microscopique. Je dirai en outre qu'on peut l'étendre à la plupart des fruits, lorsqu'ils commencent à se pourrir. Ainsi j'ai constaté sur un même fruit gâté de tomate l'*oïdium fructigena*, le *penicillium glaucum*, et un *fusarium*, qui tous apparaissent également sur les tubercules des pommes de terre malades, lorsqu'ils se décomposent.

Dans une telle association de moisissures, il est presque impossible de saisir à l'intérieur des tubercules les caractères qui appartiennent aux filaments de chacune de ces espèces; cependant lorsque le *verticillium* est très répandu, on reconnaît, dans le parenchyme et au milieu des filaments incolores, ceux qui lui appartiennent à leur couleur jaunâtre. Mais si ces distinctions sont peu importantes, on ne doit pas perdre de vue que, de toutes les moisissures observées sur le tubercule, aucune ne s'est manifestée sur les parties herbacées, et qu'ainsi leur apparition semble complétement en dehors des phénomènes auxquels paraît se lier la destruction des tiges.

Deux remarques serviront encore à prouver l'indépendance de ces phénomènes.

La première, c'est que toutes les moisissures que je viens de citer se sont développées, cette année, sur une foule de fruits charnus en décomposition ; la seconde, c'est qu'annuellement toutes les tiges de pommes de terre se couvrent à la base d'un champignon parasite qui leur est, pour ainsi dire, spécial, et que personne, à ce que je sache, n'a constaté la présence de ce champignon (*Vermicularia Dematium*) sur les tubercules qui se trouvent, pour ainsi dire, en contact avec lui.

§ IV. — Examen de la matière brune.

Mais je reviens à la matière granuleuse brune; car, on le voit, c'est avec l'étude de cette matière que commence la difficulté.

Je crois avoir été le premier à reconnaître qu'elle n'avait aucune action sur la fécule, qui se retrouvait intacte dans les utricules les plus fortement colorées en brun, et par conséquent les plus malades. Pour m'en assurer plus nettement encore, j'ai pris les tubercules les plus altérés, mais qui néanmoins n'étaient pas arrivés au point de tomber en putrilage ; j'en ai observé dans tous les sens, en disséquant avec soin chacun des petits foyers d'infection; j'ai fait bouillir des tranches très minces de ces mêmes parties brunes, afin de désagréger les utricules et de trouver les filaments du *botrytis infestans* ou de tout autre mucédinée, et, malgré tous ces artifices qui, dans le cas de la présence du champignon, auraient infailliblement démontré sa présence, je n'ai pu rien voir dans les portions centrales de ces tubercules malades, même en les plaçant préalablement dans des conditions favorables au développement d'un végétal microscopique. Car même lorsqu'ils sont le plus profondément altérés, et que la maladie se trahit à l'extérieur par la destruction de l'épiderme et la présence de moisissures, on trouve que les membranes utriculaires, entamées par l'instrument, ont les bords nets et sans indice de mycelium, ou si les utricules sont moins agrégées, on reconnaît que leur surface est lisse et intacte, de manière à mettre hors de doute l'intégrité des utricules et l'absence de tout champignon filamenteux. Du moins ces caractères se sont toujours présentés à moi dans les tubercules les plus colorés en brun que j'ai eu l'occasion d'étudier; les membranes utriculaires m'ont toujours paru enduites d'une matière brune identique à celle qui colore la plupart des fruits verts au mement où ils commencent à s'altérer.

Afin de m'assurer de l'état de conservation du principe amylacé et surtout de la présence du champignon, j'ai choisi avec soin quelques portions des plus colorées, et, à l'aide de pointes, j'ai extrait la féculedes utricules qui la renfermaient; les grains m'ont paru parfaitement sains, mais plus ou moins recouverts par la matière granuleuse brune au milieu de laquelle ils semblent empâtés.

On peut donc établir, en thèse générale, que la fécule n'est point détruite dans le voisinage des parties brunes. Si la maladie, en s'avançant de la circonférence au centre, entraînait la dissolution du principe amylacé, il serait difficile de comprendre comment la fécule peut se retrouver dans les utricules qui ont dû être en contact immédiat avec les foyers d'infection. Ces organes, ainsi attaqués par la matière brune, devraient se trouver privés du principe amylacé, tandis que le contraire se remarque dans l'immense majorité des cas.

Mais quelle est la nature de cette substance qui enduit et colore les utricules, et que nous avons retrouvée avec les mêmes caractères, non-seulement dans les feuilles, les tiges, les tubercules, mais encore, je puis l'affirmer aujourd'hui, dans la plupart des fruits qui, sans avoir atteint leur maturité complète, commencent à s'altérer et à blétir?

C'est pour en connaître les caractères que M. Melsens a bien voulu entreprendre quelques expériences, et m'aider de ses connaissances chimiques avec une obligeance dont je ne saurais assez le remercier.

Remarquons d'abord que la question relative à l'infection s'est déplacée de jour en jour depuis l'époque où elle a commencé à occuper les esprits. La présence du *botrytis*, comme cause initiale du mal, est à peu près généralement abandonnée. Mais il s'agit de constater aujourd'hui si, comme l'annonce M. Payen, la matière brune appartient elle-même à un *champignon d'une nature spéciale*, et si les cultivateurs doivent à l'avenir redouter ses funestes ravages.

Je vais chercher à éclaircir cette question, que je regarde comme très importante, car les écrits de M. Payen, recherchés, médités par les agronomes instruits, ont une trop haute valeur scientifique, pour qu'on laisse s'y glisser une assertion incomplétement démontrée : la discussion appliquée à une théorie isolée de ce savant professeur, est en même temps un hommage rendu à l'authenticité de tous les autres.

Si donc je parviens à donner une explication satisfaisante du réseau qu'on observe à l'intérieur des utricules, si je démontre que la matière brune n'est point un champignon et si son innocuité pour l'avenir est clairement établie, j'aurai tranquillisé l'esprit des cultivateurs.

Pour apprécier convenablement la valeur des phénomènes observés par M. Payen, j'ai besoin de rappeler en peu de mots la composition des éléments qui constituent un tubercule : ces éléments sont des utricules et des vaisseaux ; je fais abstraction de ces derniers. Le tissu utriculaire se compose, on le sait, de petites vésicules arrondies dans lesquelles s'organisent les grains de fécule ; mais ce qu'on ignore généralement, c'est que les parois de ces petites vésicules, utricules ou cellules, sont formées de deux membranes intimement juxtaposées, de composition chimique différente, et qui, sous l'influence, soit des acides, soit de l'eau bouillante, et après la dissolution de la fécule, se séparent l'une de l'autre. Dans ce cas, le sac externe, parfaitement transparent, conserve à peu près ses dimensions; l'interne au contraire se contracte, se plisse et se montre, à l'intérieur du sac externe, sous la forme d'une petite masse grisâtre plus ou moins régulière et plissée. Si, au lieu d'observer des utricules isolées, on examine un petit groupe de vésicules superposées, alors les plis s'entrecroisent, les membranes elles-mêmes se confondent; on a sous les yeux une sorte de lacis et une *apparence* de filaments qui peut seule en imposer à des personnes étrangères à l'étude des végétaux microscopiques.

Mais il est un fait important, propre à éclairer l'observateur qui veut déterminer la composition de ce réseau et s'assurer s'il appartient réellement à un champignon, c'est que, si on examine le tissu d'une pomme de terre saine, on y voit exactement le même sac plissé utriculaire, parfaitement distinct de l'autre par sa couleur et son aspect général; une faible quantité de teinture alcoolique d'iode le rend plus manifeste encore, puisque le sac externe a la propriété de conserver toute sa transparence, lorsque le sac interne se teint en jaune sous l'influence du même agent, l'iode.

L'action de l'iode donne donc un moyen de reconnaître plus nettement ces deux sacs, en même temps qu'il donne au réseau des caractères plus apparents.

Tous ceux qui connaissent la sagacité que M. Payen porte dans ses observations s'étonneront sans doute que ces caractères communs au tissu sain et au tissu malade des tubercules aient échappé à un savant qui, dans ses recherches sur l'organisation des tissus végétaux, a imaginé une série d'expériences ingénieuses et susceptibles d'une grande précision.

M. Payen a cru reconnaître un champignon d'une nature spéciale dans la matière brune; voici en quels termes il rend compte de ses observations :

« Si l'on coupe en travers un tubercule, on discerne à l'œil nu les parties attaquées par la coloration roussâtre qu'elles ont acquise; partout où ces apparences se manifestent, le tissu est amolli et se désagrége plus facilement que dans les parties saines, blanchâtres et fermes.

« Des tranches très minces, observées au microscope, laissent voir, aux limites de l'altération progressive, un liquide offrant une légère nuance fauve qui s'insinue dans les méats intercellulaires; ce liquide enveloppe graduellement presque toute la périphérie de chacune des cellules; dans les parties fortement attaquées, il a tantôt augmenté, tantôt détruit l'adhérence des cellules entre elles, ce qui explique la désagrégation facile des tissus en ces endroits.

« Des corpuscules charriés avec le liquide fauve forment, sur les parois des cellules, des granulations plus foncées; plusieurs réactions chimiques permettraient de les comparer à des *sporules* d'une ténuité extrême.

« Un grand nombre de cellules, envahies par le liquide, conservent leurs grains de fécule intacts.

« Lorsque la dislocation des cellules a fait certains progrès dans la masse, le tissu devient pulpeux, semi-fluide ; il suffit de le toucher avec le bout arrondi d'un tube pour en enlever ce qui convient à l'observation microscopique; parvenu à cet état de dislocation, la substance est blanchâtre ou de couleur brune plus ou moins foncée; presque toutes les utricules sont déchirées, désagrégées même parfois, et ne laissent voir de larges membranes en lambeaux que dans les parties où des adhérences s'étaient maintenues entre plusieurs cellules. Mais, chose remarquable, qui prouve l'altération périphérique et spéciale des utricules, lorsque celles-ci sont à ce point attaquées, les grains de fécule sont encore intacts, leur substance est insoluble, même dans l'eau chauffée à 50 degrés; seulement plus faciles à diviser mécaniquement, ils se comportent avec l'iode, l'acide sulfurique, la diastase, comme la fécule normale; cependant une partie de la substance amylacée, faiblement agrégée, a pu disparaître.

« Comment se fait-il donc que plusienrs persones aient cru reconnaître une dissolution générale de la substance amylacée en apercevant les cellules vidées, et devoir attribuer ces effets à la maladie des tubercules ?

« Je crois, dit encore M. Payen, avoir trouvé les causes du dissentiment. On observe, en effet, certains tubercules offrant un pareil état de vacuité; mais ceux-ci généralement ne présentent pas les symptômes en question. On les trouve tout aussi bien d'ailleurs sur les pieds exempts du mal que sur les pieds atteints. Ce sont, en effet, des tubercules dont le développement s'est arrêté, et dans lesquels la végétation des tiges a puisé les éléments de nutrition et de développement, comme dans la pomme de terre mère. »

Ainsi M. Payen admet la conservation du principe amylacé dans les cellules, que vient enduire tantôt en augmentant, tantôt en diminuant l'agrégation des utricules, un liquide fauve qui dépose contre leurs parois des corpuscules comparables chimiquement à des sporules d'une ténuité extrême.

Dans sa deuxième notice, M. Payen annonce qu'à l'aide de nombreuses et délicates expériences il est arrivé à reconnaître, à l'intérieur des utricules, des filaments qui lui font envisager la matière brune comme appartenant à un *champignon filamenteux d'une nature spéciale.*

Ces observations nouvelles semblent mettre en évidence aux yeux de M. Payen, la cause principale et les effets variés de l'altération des pommes de terre. Il les résume ainsi :

« Une végétation cryptogamique toute spéciale, se propageant, sans doute, des tiges aériennes aux tubercules, en est l'origine.

« Le champignon microscopique, dont les sporules ont suivi le liquide infiltré autour des parties corticales surtout, avance vers la partie médullaire et se développe dans les cellules en filaments anastomosés qui s'emparent de la substance organique quaternaire et oléiforme, s'appuyant sur la fécule qu'ils enferment dans leurs mailles.

« Traversant d'ailleurs les méats intercellulaires d'une cellule à l'autre, ils s'entre-croisent et rendent solidaires les parties du tissu qu'ils envahissent; ils les retiennent consistants malgré la cuisson dans l'eau à une température de 100 degrés. Les prolongements byssoïdes dirigés vers la périphérie vont au travers des parois des cellules attaquer toutes les matières assimilables qu'elles renferment, azotées, huileuses et amylacées; la fécule graduellement désagrégée, dissoute et absorbée, présente une série d'altérations rapides, et nouvelles dans l'histoire de ce principe immédiat.

« A l'ensemble de ces faits on reconnaît donc l'action d'une énorme végétation parasite qui s'empare d'une portion des tissus vivants de la pomme de terre, se logeant dans les uns, puisant dans les autres toutes les substances assimilables qu'ils renferment.

« Telle est la forme de la maladie importée chez nous sans doute par les sporules du champignon spécial, dont l'humidité et la température ont dû hâter les développements. »

M. Payen, comme on en peut juger, a complétement modifié l'opinion qu'il exprimait dans sa première notice. Considérant le liquide jaune comme un champignon d'une nature spéciale, comme sporules les granulations qui l'accompagnent, il est amené à regarder chacune des utricules brunes comme liée ou cousue à l'utricule voisine par les filaments de ce champignon. Il en conclut la présence d'un végétal microscopique dans toutes les utricules d'un tubercule avarié et brun, mais il se fonde, comme je l'ai fait remarquer déjà, sur une fausse interprétation de ce réseau d'apparence filamenteuse, et je dois ajouter que plusieurs de ses observations sont en désaccord avec les miennes, par suite du mode différent de préparation. Ainsi M. Payen ne semble pas avoir remarqué que le réseau augmentait dans les utricules et que celles-ci se déchiraient précisément à cause de son mode de trituration, utile dans une foule de cas, mais défectueux lorsqu'il s'agit de recherches aussi délicates que celles qui nous occupent.

Il fait reposer toute sa théorie sur la transmission de sporules qui à l'aide d'un liquide se déposent contre les utricules, y germent et finissent par les pénétrer, mais il s'abstient de remonter à l'origine de ces sporules et de chercher à reconnaître le végétal qui les produit.

Ainsi, pour que ces sporules aient parcouru

toutes les voies organiques de la nutrition, pour qu'elles aient pénétré, pour qu'elles se soient incorporées dans le tissu intime des parties et jusque dans les utricules, c'est-à-dire jusque dans les organes les moins perméables à ces sporules, il n'aurait fallu que vingt-quatre heures de temps.

Je dois rappeler en effet que, dans une foule de localités, ce laps de temps a suffi pour la destruction des tiges et la désorganisation des tubercules.

Examinons maintenant la question au point de vue chimique :

Selon M. Payen, tout dépend de la composition élémentaire, mais cette manière d'envisager la question ne peut prévaloir aux yeux du naturaliste. En effet, une substance pourra nous présenter la composition chimique d'un cham pignon sans pour cela qu'on puisse l'accepter et la décrire comme un végétal. Pour constater l'individualité des êtres organisés, il ne suffit pas que le corps observé soit composé d'oxygène, hydrogène, azote et carbone, il faut encore qu'il possède la forme et de plus l'analogie. Or, la matière brune ne réunit aucune de ces conditions, et M. Payen ne s'y est pas trompé, puisqu'il lui a assigné une nature spéciale. Sans doute la composition chimique est d'une haute valeur, mais cette valeur n'est réelle qu'à la condition de distinguer ce qui est du ressort de la chimie de ce qui appartient à la botanique.

Il est difficile d'obtenir des utricules intactes lorsqu'on les désagrége par une trituration sous l'eau. Ce mode de préparation suffirait pour expliquer la présence de larges lambeaux et celle des filaments à la surface des utricules, mais il y en a deux autres qui tendent encore, selon moi, à mettre en relief le réseau interne et la production des lignes entrecroisées qu'on remarque sur les utricules soumises au même traitement et sur lesquelles* j'ai déjà appelé l'attention. Mais je me verrais dans l'obligation d'entamer ici une discussion spéciale, trop en dehors du sujet essentiel, aux yeux du cultivateur.

On me pardonnera d'insister avec quelques détails sur cette question que personne n'a, je pense, encore traitée.

D'après les expériences de M. Stas, la matière brune serait formée, en grande partie, par de l'albumine coagulée à laquelle viendrait s'ajouter une substance colorante que je rapporte à l'ulmine.

Ces expériences ont toujours été faites comparativement sur des tubercules sains et sur des tubercules malades de la variété dite *jaune de Hollande.*

Cette matière granuleuse ayant été considérée comme un champignon, nous avons dû rechercher si les moisissures présentaient les mêmes caractères et la même résistance aux agents chimiques. Nous avons exposé sur une lame de verre soit des spores isolées, soit des spores et des filaments de quelques mucédinées à l'action de l'acide chlorhydrique concentré et bouillant. Toute organisation disparaît alors. Le végétal est détruit; on ne retrouve que quelques restes informes et peu considérables. Le liquide acide est plus ou moins coloré en brun, comme la plupart des extraits végétaux. Nous avons vu dans plusieurs cas se former, après l'évaporation du liquide, une cristallisation ayant l'aspect du sel ammoniac. Et cette première recherche nous a conduit à constater la destruction complète non-seulement des filaments, mais encore des spores ou séminules des *fusarium*, *oïdium*, *penicillium*, *botrytis*, *verticillium*, etc., à l'état frais, mais encore la dissolution totale de l'*oïdium* orangé, développé à l'intérieur du pain de munition et desséché depuis plusieurs années. Or, si l'on soumet au même traitement des portions de pommes de terre malades, les parties colorées en brun ne subissent aucune altération.

Nous avons observé comparativement des feuilles mortes de tilleul, de marronnier, de châtaignier, de chêne, des portions de fruits verts et tachés; nous avons toujours reconnu sur les membranes utriculaires un enduit brun granulé identique à celui que nous ont offert les tubercules des pommes de terre altérés.

Des tranches minces de jeunes tomates, colorées en brun par une altération dont les signes extérieurs se rapprochaient beaucoup de ceux de la pomme de terre, ont été également soumises à l'action de l'acide chlorhydrique concentré et bouillant sans que les parties colorées en brun aient subi la plus légère altération.

Le même caractère s'est reproduit en opérant sur des tranches minces de coings, de poires à cidre, de pêches en voie d'altération.

La potasse caustique diluée et bouillante prend une légère teinte jaunâtre comme une dissolution très étendue d'ulmate de potasse dans laquelle les portions brunes acquièrent plus d'éclat.

L'acide nitrique à 36° rend la coloration plus intense, sans néanmoins dissoudre la matière après un contact de vingt-quatre heures.

Des portions de pommes de terre malades placées dans une dissolution d'acide sulfureux nous ont offert un affaiblissement notable dans leur coloration, sans néanmoins la faire complétement disparaître après un contact de quinze jours et une exposition à une lumière vive.

L'eau de chlore, après un contact de vingt-quatre heures à froid, a affaibli la teinte, mais ne l'a pas enlevée.

Cette résistance de la matière brune aux agents chimiques est un phénomène propre à l'ulmine mise en contact avec des membranes végétales et peut se comparer à ceux qui se passent lorsqu'on teint les étoffes, ou bien encore à cet effet si curieux de la fixation des matières colorantes sur le charbon. En effet, les utricules ainsi enduites de matière brune nous ont constamment montré après l'opération une sorte de réseau brun granulé appliqué contre la membrane cellulaire, et faisant, pour ainsi dire, corps avec elle. Ce réseau, par l'ouverture et l'irrégularité de ses mailles, nous a paru dépendre de la dissolution des grains de fécule qui se trouvaient engagés et comme emportés par la matière brune. En effet, dans les utricules légèrement enduites, nous avons constaté, en outre, la présence d'un sac plus ou moins plissé, dont les caractères, très faciles à saisir, se retrouvent dans les utricules des pommes de terre saines.

Ainsi la matière brune, en pénétrant dans le tissu utriculaire et en enveloppant chacun des grains de fécule, soude, pour ainsi dire, l'utricule primordiale à la membrane externe. Mais j'ai vainement cherché à m'assurer si le réseau formé par la matière brune s'étendait d'une paroi à l'autre à l'intérieur de chacune des utricules.

Selon moi, ce sac interne et plissé, dans lequel on a vu tous les signes d'un champignon, appartient à l'utricule primordiale contre laquelle sont venus se déposer, en outre, des granules d'albumine et de caséine; ce qui tend encore à le faire croire, c'est qu'en traitant de la fécule lavée à différentes reprises à l'eau distillée et qu'en la soumettant à l'action de l'acide chlorhydrique étendu de quatre à cinq fois son volume d'eau, on retrouve les enveloppes tégumentaires qui, sous l'influence de l'iode, prennent une coloration jaune lorsque toute trace de coloration en bleu ou en violet a disparu. Or, c'est précisément ce que nous présentent les utricules des tubercules soumis à ce même traitement, et ce qui me permet de le supposer c'est que la partie tégumentaire de la fécule, lorsqu'elle est contenue dans l'utricule, s'y trouve emprisonnée quand on vient à traiter des tranches minces de pommes de terre par un acide dilué; si, en effet, on retrouve, à l'aide du microscope, après avoir traité de la fécule très pure, des lambeaux de téguments plus ou moins considérables, on est en droit d'admettre que ces mêmes éléments se retrouveront dans l'utricule et contribueront à la formation du réseau que nous offre le sac interne après l'entière dissolution de la fécule; il n'est pas nécessaire d'avoir recours à l'intervention d'un champignon pour expliquer cette sorte de réseau.

En résumé, il est facile de comparer les résultats auxquels je suis arrivé avec ceux qui ont été énoncés par d'autres observateurs.

Ainsi, loin d'admettre le ramollissement et la désagrégation des cellules ou utricules colorées en brun dans les tubercules malades, je crois avoir démontré que les utricules enduites sur les deux surfaces par cette substance adhèrent au contraire très intimement les unes aux autres, et ne semblent avoir subi aucune altération, puisqu'on y retrouve très souvent le nucléus auquel s'associent souvent, soit dans les pommes de terre malades, soit dans les pommes de terre saines, de petits cristaux cubiques, plus ou moins colorés en jaune.

Je reconnais n'avoir jamais rencontré d'utricules déchirées au milieu des parties altérées, j'avoue même ne connaître aucun exemple de semblables altérations; les utricules m'ont toujours paru se résorber, mais non se déchirer, pour disparaître ensuite.

Les granulations de la substance brune ne m'offrent aucune analogie avec les spores des végétaux inférieurs, et en particulier avec celles des mucédinées.

En effet, si les granules bruns étaient de véritables spores, ils devraient se détacher de leurs supports; on ne devrait pas les rencontrer à l'intérieur des utricules; on devrait trouver enfin l'organisation du champignon d'autant plus avancée qu'on l'examinerait à la périphérie du tubercule, puisqu'il s'avancerait, en absorbant le contenu des utricules, de la circonférence au centre du tubercule.

Je crois avoir démontré qu'on rencontre en outre, à l'intérieur des utricules provenant de tubercules sains, un réseau semblable à celui qu'on a considéré comme un champignon spécial; et l'explication que j'en donne me permet de conclure que la composition chimique d'un corps ne peut pas servir à démontrer sa véritable nature au point de vue du naturaliste.

§ V. — Diminution de la fécule.

A l'exception de quelques cas assez mal définis, les tubercules avariés et les tubercules sains paraissent renfermer à peu près la même quantité de fécule. La plupart des observateurs sont d'accord à ce sujet. Cependant MM. Rayer et Valenciennes ont rencontré des tubercules complétement dépourvus de fécule, mais ce phénomène est heureusement exceptionnel, et ne paraît appartenir, lorsqu'il s'étend à tout le tissu, qu'aux tubercules-semences.

Cette opinion est aussi, je le crois, celle de M. Payen. « On observe en effet, dit cet habile chimiste, certains tubercules offrant un pareil état de vacuité ; mais ceux-ci généralement ne présentent pas les symptômes en question. On les trouve tout aussi bien d'ailleurs sur les pieds exempts du mal que sur les pieds atteints. Ce sont, en effet, des tubercules dont le développement s'est arrêté, et dans lesquels la végétation des tiges et feuilles a puisé des éléments de nutrition et de développement, comme dans la *pomme de terre mère.* »

En moyenne, d'après l'observation de quelques agronomes instruits, les pommes de terre saines rendent cette année moins de fécule qu'à l'ordinaire.

Chez quelques-unes le principe amylacé diminue considérablement dans les utricules voisines des portions altérées et enduites de matière brune. M. Payen m'a montré des tranches de pommes de terre sur lesquelles on distinguait très nettement une zone transparente, dépourvue de fécule, et enveloppant, pour ainsi dire, toute la partie externe avariée. Cette altération paraît du reste assez rare, du moins au degré où j'ai eu occasion de la voir. Nous l'avons vainement cherchée, M. Vilmorin et moi, sur un nombre considérable de tubercules. En général les utricules remplies de grains de fécule altérés sont assez rares, si on en excepte les utricules allongées qui accompagnent les vaisseaux et dans lesquelles la fécule ne se rencontre jamais, même chez les individus sains.

Dans les utricules les plus altérées, les grains de fécule sont encore intacts; leur substance est insoluble, même dans l'eau chauffée à 50 degrés. D'après M. Payen, auquel on doit les recherches les plus complètes sur ce sujet, les grains de fécule sont plus faciles à diviser mécaniquement, et se comportent avec l'iode, l'acide sulfurique, la diastase, comme la fécule normale.

Cependant la fécule éprouve différentes modifications dans les tubercules avariés.

Elle diminue, et dès lors plusieurs altérations se prononcent dans les utricules attaquées sur un des points de leur superficie, leur substance interne se désagrége et se dissout; les parois de la cavité sont sillonnées de fentes irrégulières qui graduellement deviennent plus profondes. Le volume total des granules amylacés diminue, presque toute la cavité de la cellule se trouve vidée; le sac, réduit à un très petit volume, contient seulement quelques fragments irréguliers arrondis, de matière féculente.

Enfin tout disparaît; il ne reste que la chambre cellulaire diaphane et vide.

Mais après avoir décrit ces altérations partielles, M. Payen se hâte de dissiper les craintes sur la diminution du principe amylacé, et il déclare que le meilleur parti à tirer des tubercules avariés consiste dans l'extraction de la fécule.

J'emprunte encore aux différentes notices publiées par M. Payen les passages relatifs au sujet qui nous occupe, et suis heureux de puiser dans son opinion des preuves à l'appui de la mienne.

« La fécule étant en grande partie intacte dans les tubercules altérés, on pourrait croire qu'il serait facile de l'extraire en suivant les procédés usuels. Il n'en est rien cependant, car un grand nombre d'utricules peu ou pas adhérentes, comme dans les pommes de terre dégelées, se sépareraient les unes des autres par l'action de la râpe sans s'ouvrir, et retiendraient la fécule enveloppée restant avec elles sur le tamis.

« Quant aux tubercules dont la dégénérescence serait avancée, on en pourrait certainement tirer parti en les divisant à la râpe, lavant la pulpe sur un tamis, extrayant de l'eau de lavage la fécule par les procédés usuels.

« Les pommes de terre même qui se sont altérées rapidement au point d'être entièrement désagrégées, pourraient encore se traiter par les mêmes moyens. »

Ces conclusions sont rassurantes et diffèrent totalement de celles de M. Morren qui conseille de brûler les tubercules avariés ou pourris.

CHAPITRE II.

Examen des corps étrangers développés à la surface ou dans l'intérieur des tubercules.

§ Ier. — Maladie attribuée au *Botrytis*.

Les idées justes qu'on doit adopter sur l'action délétère des champignons ou sur leur innocuité sont encore si peu répandues ; le public et les cultivateurs se méprennent quelquefois d'une si étrange manière sur l'action que peuvent produire ces végétaux inférieurs, qu'on ne doit pas être surpris de les avoir vus accepter de prime abord et sans examen la première idée qu'on leur a soumise, relativement à la cause de l'altération que présentent aujourd'hui les pommes de terre. Mais ce qui a lieu de nous étonner, c'est de voir une semblable opinion émise par des savants distingués, dans l'esprit desquels on aurait été d'autant moins disposé à la voir s'établir, qu'ils se sont appuyés sur des faits entièrement hypothétiques. Rien n'est moins démontré que l'infection, et cependant, dès sa manifestation en Belgique et en France, on a attribué à la présence de divers champignons, groupe des mucédinées ou des moisissures, non-seulement la maladie des tubercules, mais encore une action particulière analogue à une infection.

Mlle Libert, à qui l'on doit d'excellentes observations mycologiques, a la première attiré l'attention sur le *botrytis*. Voici le rôle qu'elle attribue à cette moisissure, qu'elle considère comme le *B. farinosa*, et dont les ravages, favorisés par un temps pluvieux, semblent ne devoir faire grâce à aucune des nombreuses variétés de pommes de terre. Elle naît de préférence sur les feuilles vivantes, tandis que toutes ses congénères naissent sur des feuilles et des tiges mortes ou en putréfaction. *La surface supérieure des folioles, les nervures principales, les pétioles et les tiges sont épargnés*.... La surface supérieure offre des taches d'un brun foncé, qui s'étendent, à mesure que la moisissure avance à la surface inférieure... A la vue du dégât que cette plante ne cesse de faire, on serait porté à changer son nom spécifique en celui de *vastatrix*, qui convient rigoureusement à cette espèce.

Ainsi, dans l'opinion de Mlle Libert, le *botrytis* serait limité aux feuilles et n'attaquerait pas même les tiges.

MM. de Martius et Morren comparent les ravages causés par le *botrytis* ou le *fusisporium* à ceux que produisent l'ergot, la nielle, la rouille, avec lesquels cependant, ainsi qu'on va le voir, le *fusisporium* et le *botrytis* ne présentent aucune analogie.

L'action de ces différents champignons est entièrement locale; ils n'agissent jamais, à ce que je sache, par infection, ainsi que M. Morren l'admet pour le *botrytis;* celle du champignon microscopique (la sphacélie), qui produit l'ergot en dénaturant le grain du seigle, reste limitée à l'ovaire; elle change la forme et la composition élémentaire des tissus de l'ovule sur lequel elle se porte, sans altérer les organes voisins, ainsi que l'a si bien fait connaître M. le docteur Léveillé.

On ne peut donc point comparer les phénomènes produits par la sphacélie à ceux d'une infection.

D'une autre part, la rouille, le charbon, la carie, le blanc attaquent, on le sait, les parties herbacées et vivantes des végétaux, sans modifier les tissus avec lesquels ils se trouvent en contact et sans porter leur action jusqu'aux racines, ainsi qu'on l'a admis à l'égard du *botrytis* dont les filaments rampent en effet à la face inférieure des feuilles sans en altérer le parenchyme. M. Linden m'apprend enfin qu'un champignon, désigné sous le nom de *mancha* (tache), aux environs de San-José de Cucuta, province de Pampeluna, dans la Nouvelle-Grenade, attaque aujourd'hui les fruits du cacaotier, sans porter la moindre atteinte ni aux feuilles ni aux rameaux. Nous avons donc encore ici un exemple de l'action toute locale d'un champignon, et il m'est impossible d'y voir un phénomène d'infection.

Enfin, on a encore assimilé le *botrytis* à ces *rhizoctonia* qui enlacent de leurs nombreux filaments les racines de la garance, de la luzerne, du safran, sans songer cependant que ces plantes meurent, étouffées par l'espèce du feutre qui enveloppe leurs parties souterraines et oppose ainsi un obstacle mécanique à l'absorption des racines, sans altérer d'abord leurs tissus et sans qu'on voie jamais ces filaments remonter des racines et s'étendre jusqu'aux parties herbacées.

D'autres moisissures, au contraire, ont besoin, pour se développer, de rencontrer un corps en voie de décomposition ou de fermentation; tels sont le *fusisporium*, l'*oïdium fructigena*, le *verticillium tenerum*, le *trichothesium roseum*, les *penicillium*, qui en effet se retrouvent tous sur les tubercules très altérés, mais que personne, à ce que je sache, n'a observés sur les parties herbacées et vivantes de la pomme de terre.

Il faut donc encore ici rejeter l'action qu'exercerait à distance soit le *botrytis*, soit chacune des espèces que je viens de citer.

M. de Martius a attribué la gangrène sèche (*stockfaule*, *trocken faule*) à un *fusisporium*; moi-même j'ai reçu, à diverses reprises, des tubercules couverts de cette moisissure, lorsqu'ils m'arrivaient de points assez éloignés, et dans des conditions analogues à celles dans lesquelles se trouvaient placés les échantillons observés par M. de Martius, échantillons d'après lesquels il a décrit les caractères de sa gangrène sèche. Or, personne, je pense, ne sera tenté de faire dépendre du *fusisporium* la maladie qui nous occupe, puisque ce champignon ne se montre jamais à la surface des feuilles, et qu'il n'a pu ainsi s'étendre de celles-ci aux tiges, et des tiges aux tubercules.

Malgré la valeur de ces objections, M. Morren n'a point hésité à rapporter l'altération des tubercules à l'action d'un champignon épipyhlle.

Suivant lui, ainsi qu'on l'a vu en commençant, « la vraie cause du mal est un champignon appartenant au genre *botrytis*, dont il a suivi, pendant quelque temps, de jour en jour et pas à pas, les progrès, en observant plusieurs champs de pommes de terre. La maladie, d'après M. Morren, commence décidément par les feuilles, et même par les fleurs et les fruits. Une partie du tissu vert perd alors sa couleur ordinaire et passe souvent au jaune; la tache devient bientôt grise au-dessous, et c'est toujours à la surface inférieure de la feuille ou sur le fruit que se montre, le lendemain ou deux jours après la formation de la tache jaune, un duvet blanchâtre. Le microscope fait découvrir alors que ce duvet provient d'un champignon qui fructifie entre les poils nombreux qui garnissent le dessous de la feuille de la pomme de terre.

« Le *botrytis* agit comme le *fusisporium*, c'est-à-dire par *infection;* la tige de la pomme de terre reçoit l'influence délétère, à la suite du développement de la tache jaune sur la feuille. L'épiderme brunit et noircit par places, et quand on suit les phases de la maladie, on s'aperçoit bientôt que l'épiderme, bien qu'il ne présente pas toujours des champignons, n'en est pas moins frappé de mort. La séve altérée dans les feuilles porte le poison dans la tige. Dès que les taches noires se déclarent sur les tiges, les feuilles se sèchent et meurent, la fane noircit, et, frappée de mal par un champignon vénéneux, elle tombe pour propager la source du fléau et déposer ses germes dans la terre. L'infection descend dans le tubercule lui-même si le mal suit son cours; dès lors le tubercule se gangrène. Dès que la pomme de terre est gangrenée, il suffit de peu de jours, trois au plus, pour voir le *botrytis* se faire jour au dehors. On voit alors cette efflorescence blanche se déclarer dans les yeux des tubercules, et puis s'étendre, comme de légers flocons blancs, sur une surface arrondie, mais qui finit par envahir le tubercule tout entier. — L'*infection* attaque, suivant M. Morren, la partie du tubercule qui reçoit la séve descendante, celle par où l'agent morbide est descendu lui-même. Sur une pomme de terre attaquée, on aperçoit une série de taches brunes ou jaunes, quelquefois grises et noirâtres, qui s'étendent sur toute la zone ligneuse. En suivant les progrès du mal, M. Morren a pu remarquer, sur un grand nombre de tubercules gâtés, comment la maladie, gagnant de proche en proche, finit par atteindre le cœur même du tubercule et le corrompre entièrement. Plus tard encore, la peau ou l'épiderme de la pomme de terre se détache, la chair n'offre plus de résistance et s'écoule sous la forme d'un liquide épais, visqueux, qui répand une odeur fade, et plus tard animale. »

M. Morren adopte, comme on le voit, les idées de M. de Martius; il admet l'*infection*, non pas à l'égard du *fusisporium*, qu'il ne cite pas, mais pour le *botrytis*. Il a inoculé la maladie « en prenant les spores du *botrytis*, au moyen de la lame d'un scalpel, dont il a frotté le dessous d'une feuille saine d'un individu de pomme de terre. Deux jours après l'expérience, la plante était malade et présentait les symptômes successifs du mal : taches jaunes à l'endroit infecté, puis taches brunes; tiges noircies; tubercules à écorce brune, picotée et pourrissant ensuite. Des spores ont été introduites dans l'épiderme d'une tige; les résultats ont été les mêmes : la plante était malade le second jour. L'efflorescence qui se développe sur le tubercule malade a été inoculée sur des plantes saines, et les mêmes conséquences ont eu lieu. »

M. le docteur Montagne avait adopté, dans le principe, la manière de voir de M. Morren. « On s'accorde généralement, disait-il, à croire que cette affection est occasionnée par la présence d'un champignon de la famille des mucédinées, et, ce qui est bien remarquable, par une mucédinée appartenant à ce même genre *botrytis* dont fait également partie l'espèce qui sévit si cruellement parfois sur les vers à soie. Ce *botrytis*, qu'en raison de ses effets nous proposons de nommer *botrytis infestans*, attaque surtout le dessous des feuilles de la solanée, qu'il recouvre entièrement comme d'une poussière blanche, et sa propagation est si rapide, qu'en trois ou quatre jours au plus de vastes champs sont dévastés et la récolte du précieux tubercule anéantie.

« Quant aux effets délétères de ce parasite, il est difficile de les peindre mieux que ne l'a fait M. Morren; la maladie et ses causes y sont en effet bien exposées, et si ce savant eût pris la peine de nommer et de décrire le végétal microscopique qui cause tous ces ravages, il ne nous serait absolument rien resté à ajouter à tout ce qui nous en a été dit.

« Cependant M. Morren doit avoir retrouvé sur les tubercules mêmes la mucédinée qui envahit la face inférieure de toutes les feuilles de la plante. Nous n'avons rien observé de semblable. »

Ainsi M. Montagne, tout en admettant l'action du *botrytis* sur les parties herbacées, avoue cependant n'avoir jamais rencontré ce champignon sur les tubercules, et cette dernière remarque s'accorde avec les miennes.

Les personnes qui ont étudié avec soin les différentes espèces de *botrytis*, ont toujours admiré ces petits végétaux qui ressemblent à des arbres en miniature. Leur tige dressée, la division des rameaux terminés par une spore à leur extrémité, leur donnent un caractère particulier. Ils naissent de préférence sur les corps en décomposition. Leur forme nécessite l'*espace* pour se développer, et quand on en a observé quelques-uns, il est impossible de comprendre leur développement sur un tubercule enfoui dans la terre qui non-seulement le recouvre, mais l'enveloppe tellement encore qu'on a souvent de la peine à l'en séparer. L'espace manquant donc au *botrytis*, il ne peut se développer complétement, et s'il existe dans la pomme de terre enfouie, on ne doit le trouver qu'à l'état de filaments stériles, c'est-à-dire de mycelium. Mais, dans cet état, ils ne possèdent aucun caractère spécifique; ils peuvent appartenir à d'autres champignons, et notamment au *fusarium* de Martius que l'on rencontre le plus communément et qui végète bien plus facilement sur les pommes de terre dont la décomposition continue à l'air libre. Or, si des pommes de terre plus ou moins affectées ne présentent en effet aucune trace de *mycelium* au moment où on les arrache, on ne doit pas attacher une grande importance à celui qu'on y rencontre quand elles sont arrachées depuis quelques jours et exposées à l'air libre ou entassées; et si enfin ces filaments appartenaient au *botrytis*, comment se fait-il que ce champignon ne continue pas à se développer et qu'il soit remplacé, à la surface des pommes de terre, par d'autres espèces de genres différents? Il est évident que dans ce végétal, comme dans une foule d'autres, les moisissures et les insectes se sont manifestés par le fait même de la décomposition qu'éprouvent les tubercules.

Personne n'a vu un *botrytis* envahir toute la plante sur laquelle il se montre. Son action, si toutefois il en exerce une, est circonscrite.

Toutes les expériences entreprises pour démontrer l'action des mucédinées peuvent sembler bien concluantes à des personnes étrangères à la botanique; elles sont ingénieuses et peuvent plaire à l'imagination des personnes disposées à tout expliquer; mais la science ne peut s'en contenter. Et si je ne me trompe, si mes observations sont exactes, le *botrytis* serait complétement étranger à l'altération des tubercules. Ce fait capital et décisif, je ne suis pas le seul, tant s'en faut, qui l'ait remarqué.

Nous avons vainement, et à deux reprises, M. le docteur Léveillé et moi, examiné avec une scrupuleuse attention des champs entiers de pommes de terre ravagés, sans pouvoir y découvrir les plus légères traces de cette mucédinée. Et si des observateurs aussi distingués et aussi habiles que MM. Léveillé, Thuret, Duchartre et Pouchet, et je puis ajouter M. Ad. Brongniart, arrivent au même résultat négatif et reconnaissent que, dans l'immense majorité des cas, les tiges ont été détruites sans montrer la moindre trace de champignon, si le *botrytis* ne se montre jamais sur les tubercules, si le système vasculaire est intact, s'il est bien démontré que l'altération s'avance de la circonférence au centre sans altérer les tissus, si enfin on rencontre des tubercules sains au pied de tiges détruites et des tubercules malades à la base de tiges en parfait état de végétation, il faudra bien de toute nécessité admettre une autre cause que la présence du *botrytis* pour expliquer les ravages qu'on remarque si généralement.

M. Desmazières, auquel l'étude des mucédinées est très familière, a reconnu déjà, en 1844, un *botrytis* analogue à celui signalé par M. Morren sur la presque totalité des taches que présente la face inférieure des feuilles de la pomme de terre. C'est particulièrement sur la variété appelée dans le département du Nord *blanche tardive*, qu'il a pu observer la mucédinée. « Examinée à l'œil nu, la feuille, encore d'un beau vert sur une certaine étendue de sa surface, offre des taches brunâtres, plus pâles à la face inférieure qui est couverte, quelquefois presque entièrement, d'un léger duvet blanc et d'apparence pulvérulente. Vus au microscope, les filaments sont quelquefois dichotomes, mais le plus souvent irrégulièrement rameux et cloisonnés à de longs intervalles. Çà et là ils présentent des renflements qui les font paraître comme noueux. Les rameaux, en petit nombre, sont la plupart alternes, plus ou moins longs, et principalement situés à la partie supérieure de la tige. L'angle qu'ils forment avec elle est à peu près de 45 degrés. Le sommet des rameaux est renflé et présente des sortes de corps turbinés ou arrondis, qui me paraissent de jeunes corps reproducteurs.

« Les spores sont ovales et munies d'une double membrane, et contiennent une matière granuleuse et souvent accompagnée d'une sorte de nucléus transparent et d'apparence oléagineuse. Lorsqu'elles sont séparées du rameau, on remarque qu'elles sont ovales et munies aux deux extrémités d'une très petite protubérance, plus large et tronquée cependant au point d'insertion [1]. »

Quoi qu'il en soit de l'identité spécifique, M. Desmazières, malgré l'abondance de cette mucédinée sur les tiges des pommes de terre, admet l'innocuité du *botrytis*, auquel on a fait cependant jouer un rôle si important; il le considère, ainsi que moi, comme étranger à la maladie. On sait en effet, dit-il, que plusieurs espèces de *botrytis*, telles que les *botrytis effusa, farinosa, parasitica*, qui croissent sur les tiges ou sur les feuilles d'un grand nombre de plantes vivantes, ne détruisent pas ces plantes, qu'elles arrêtent ou ralentissent seulement le développement de quelques-unes de leurs parties sans causer la mort des individus; et si, très rarement sans doute, cette mort survient par le grand nombre d'organes attaqués, elle ne frappe jamais que quelques sujets, et non la généralité des plantes d'une espèce, comme nous venons de le voir dans la pomme de terre. Ainsi plusieurs végé-

(1) M. Desmazières donne à cette espèce le nom de *botrytis fallax*. Ses caractères me paraissent devoir la réunir à celle déjà décrite par M. Montagne et sont conformes à ceux que j'ai observés moi-même sur les feuilles et les tiges des pommes de terre provenant de la Salpêtrière.

taux présentent des taches analogues à celles que nous ont offertes les tiges des pommes de terre malades : les fèves, les betteraves, les chénopodes par exemple, se couvrent souvent de *botrytis*, sans même que les feuilles voisines en présentent de traces. Et ce même *botrytis* (*fallax* ou *infestans*) répandu et vivant sur les feuilles de l'ortie commune, ne l'altère en aucune manière et n'arrête nullement sa végétation.

Dans une lettre en date du 26 octobre, M. Desmazières m'écrivait : « Je n'ai pu observer que cinq ou six petits boutons de *botrytis* sur plusieurs centaines de pommes de terre altérées qui sont passées sous mes yeux, et certes si ce *botrytis* eût existé sur les tubercules que vous avez examinés à Paris, il ne vous eût point échappé, puisque ces pustules avaient de 1 à 2 millimètres. Je regrette bien vivement de n'avoir pas cherché à conserver ces précieux échantillons, etc. »

M. le docteur Spring, à qui la botanique doit de précieux travaux, a bien voulu, sur ma demande, faire quelques recherches à l'égard du *botrytis* dans les environs de Liége. Je cite encore ici le passage de sa lettre, afin de bien établir que le *botrytis* n'est pas la seule cause de l'infection, ainsi qu'on l'a admis. « J'ai vu *positivement*, dit M. Spring, le *botrytis* sur des plantes dont aucune foliole ne présentait de taches brunes... Ces plantes paraissaient simplement fanées. Je l'ai *souvent* cherché, et sans le découvrir sur des plants attaqués... *jamais* je n'ai pu le découvrir sur les tubercules. »

Ces faits sont concluants puisqu'ils nous sont fournis par des personnes livrées spécialement à l'étude de la cryptogamie.

J'ajouterai en outre que M. Desmazières, dans ses diverses analyses microscopiques des tubercules malades, n'a retrouvé aucune trace de mucédinée dans leurs tissus ; et quant à la cause réelle de la maladie, il pense, suivant moi avec raison, qu'elle ne peut être attribuée en aucune manière à la présence d'un champignon, et qu'il est possible de combattre toutes les opinions émises à ce sujet par des faits contraires à ceux que l'on a avancés pour les établir.

§ II. — Maladie attribuée aux insectes.

Je ne ferai qu'effleurer ce côté de la question. A mon avis, le rôle attribué aux insectes est ou tout à fait nul, ou insignifiant.

Les premières idées à ce sujet se trouvent consignées dans un journal allemand dont j'ignore le nom et qui l'emprunte lui-même à la *Gazette d'Augsbourg* (4 août 1841, n. 216). L'auteur fait paraître les insectes dans les tubercules malades, d'abord comme effet, puis ensuite comme cause. Or, pourquoi la cause qui a primitivement produit l'altération, et par suite les insectes, ne continuerait-elle pas à agir, et pourquoi ceux-ci seraient-ils chargés de la répandre et de l'entretenir ? L'auteur ne l'explique pas ; mais personne ne sera plus tenté, je crois, d'attribuer le dégât à des insectes du genre oxytèle, staphylin, etc., ainsi que l'admet l'anonyme dont je viens de rappeler l'opinion, que de faire dépendre l'altération des tubercules de la présence du *blaniulus guttulatus*, des *acarus*, etc.

Je renvoie aux mémoires présentés à l'Académie des sciences par MM. Gruby et Guérin, en faisant observer cependant que ce dernier n'admet nullement l'influence des insectes dans la production de la maladie.

CHAPITRE III.

Influences météoriques.

La prolongation d'un temps pluvieux et froid ayant fait naître, pendant une grande partie de l'été, de vives inquiétudes sur la récolte des céréales, on a pu légitimement attribuer la maladie des pommes de terre à cette même circonstance. La plupart des cultivateurs s'accordent en effet à considérer cette épidémie comme une conséquence naturelle des jours pluvieux, des brusques abaissements de température et des brouillards que nous avons éprouvés cette année. Plusieurs rapports de sociétés d'agriculture s'expriment nettement à ce sujet. Mais, je me hâte de le dire, cette opinion, quoique appuyée de preuves évidentes dans certaines localités, n'explique peut-être pas seule tous les faits observés jusqu'ici, car nous avons trop peu d'éléments sous les yeux pour qu'on puisse déduire d'observations éparses des conséquences à l'abri de toute objection.

Voyons cependant si, à l'aide de ces faits rigoureusement exacts, nous pouvons expliquer d'une manière satisfaisante la maladie qui nous occupe. Remarquons, en passant, avec M. Boussingault, qu'à leur égard c'est moins la quantité moyenne d'eau que reçoit une contrée que la répartition mensuelle de pluie qu'il importe de connaître, puisque en effet de cette répartition résulte parfois le succès ou la non-réussite de telle ou telle culture.

Dans l'opinion de M. Morren, les agents météoriques auraient été cette année sans effet appréciable sur les pommes de terre, et, pour le démontrer, il s'appuie sur les tableaux météorologiques de l'observatoire de Bruxelles.

Voici à ce sujet le résumé publié par M. Quetelet dans le dernier numéro des *Bulletins de l'Académie des sciences de Bruxelles.*

« Les températures moyennes de chacun des cinq derniers mois, à l'exception de celle du mois de juin, ont été *inférieures aux moyennes* des températures des mêmes mois pendant les douze années précédentes. Les mois de mai, avril et septembre de cette année peuvent être considérés comme des mois *comparativement très froids;* juillet a eu une température *un peu basse,* tandis que juin est resté dans les limites ordinaires.

« Le mois de mai a donné aussi une quantité de pluie qui *dépasse sensiblement* celle des années précédentes; les autres mois ne présentent pas d'anomalie à cet égard.

« C'est encore pendant le mois de mai de cette

année qu'on a compté *le plus grand nombre de jours de pluie*; ce nombre s'est élevé à 25, tandis que, année commune, il ne dépasse pas 14, et il a été tout aussi considérable pendant les mois de juillet et d'août qui ont suivi. » Enfin, d'après les tableaux publiés par l'observatoire de Bruxelles, nous comptons pour le mois de mai 27 jours sombres ou pluvieux, 23 en juillet, en août 18. A Paris, la somme des jours pluvieux ou couverts a été plus forte encore. Ainsi, j'en compte 26 en mai, 30 en juin, 26 en juillet, 25 en août, 20 en septembre.

Je laisse à décider si, d'après ces relevés, il n'est pas permis de faire intervenir les agents météoriques dans la maladie des pommes de terre, et si on doit, comme l'admet M. Morren, la rapporter uniquement au *botrytis?*

Pour peu qu'on y réfléchisse, on reconnaîtra que les preuves sur lesquelles on se fonde ici, loin d'être défavorables à l'opinion qui fait intervenir les agents météoriques, conduisent à les reconnaître comme les causes les plus énergiques de l'altération des pommes de terre.

En effet, si les tableaux publiés par les observatoires de Paris et de Bruxelles démontrent que les mois de mai, juin, juillet et août ont été humides et sombres; si, comme on le sait depuis longtemps, une plante exposée à l'obscurité cesse de transpirer, et se remplit de sucs qui, n'étant plus élaborés, contiennent une plus grande proportion d'oxygène; si une plante tenue en permanence pendant quelques jours dans un lieu obscur et à l'air libre perd également du carbone; si l'exhalation peut s'arrêter complétement dans un milieu saturé de vapeur; si enfin la vigueur d'une plante est en rapport avec la quantité d'acide carbonique qu'elle décompose, et, si cette décomposition est en proportion de la lumière solaire que reçoit la plante, est-il donc surprenant de voir un végétal perdre ses feuilles et ses tiges sous l'influence de tels phénomènes? Ne sait-on pas, en outre, qu'une atmosphère humide accompagnée d'un ciel couvert donnera nécessairement lieu à une altération d'une nature particulière, puisque la plante en cessant de décomposer l'acide carbonique, accumulera des sels qui sous l'influence de la lumière solaire auraient été éliminés par les parties aériennes.

Or, si l'accumulation des sucs jointe à l'absence de lumière solaire peut produire seule une altération semblable à celle que nous offrent en automne les parties herbacées des végétaux, sera-t-il donc nécessaire de faire intervenir l'action fort hypothétique soit d'un champignon, soit de l'électricité, pour expliquer les troubles que pourront subir par suite les fonctions vitales d'une plante naturellement aussi aqueuse que l'est la pomme de terre ?

Celle-ci, d'après tout ce qui précède, me paraît avoir absorbé une quantité d'eau considérable, et l'absence de soleil, en rendant son évaporation impossible, aura entraîné l'altération des feuilles, et partant celle des tubercules. M. Lindley, dont le nom fait autorité, le remarque très judicieusement. « Si la température est basse, et si l'humidité atmosphérique est considérable, la plante cessera de décomposer l'eau qu'elle reçoit, ses parties les plus jeunes se gonfleront, leur altération ne tardera pas à se manifester et *sera suivie* de l'apparition d'une multitude de champignons microscopiques. »

Ailleurs M. Lindley, plus explicite encore, attribue sans restriction l'altération des pommes de terre à la saison pluvieuse que nous avons éprouvée. « Pendant la première semaine d'août, le froid a été, aux environs de Londres, de deux à trois degrés au-dessous de la température moyenne, et, dit ce savant, des pluies continuelles et *l'absence de soleil* font que, tout bien considéré, on comprendrait avec peine qu'une suite de circonstances semblables à celles que nous avons ressenties pût avoir un autre résultat. » En effet, si l'exhalation ou l'évaporation des végétaux est en rapport exact avec la quantité de lumière solaire qui tombe sur les feuilles, on concevra que les pommes de terre auront dû absorber cette année une quantité d'eau considérable, et que l'absence de soleil, en rendant son évaporation impossible, aura dû, pour ainsi dire, entraîner leur altération. Ainsi une réunion de circonstances défavorables à la végétation me paraît avoir produit la maladie des tubercules à laquelle, du reste, le tabac, les racines légumières et nos arbres fruitiers ne se sont pas complétement soustraits.

Dans les Pays-Bas, la pomme de terre paraît avoir été prédisposée à recevoir la maladie par la chaleur inaccoutumée du commencement de juillet, à laquelle a succédé tout à coup une longue suite de jours extraordinairement froids, humides et nébuleux. Un hiver long, humide, une terre à peine dégelée au printemps, la chaleur excessive des premiers jours de juin, suivis d'un été froid et sombre, en un mot, un *automne en été* me paraît, ainsi qu'à la majorité des cultivateurs hollandais, la première cause de la maladie.

Le rapport de la commission de l'institut des Pays-Bas se prononce nettement en faveur de l'influence de l'humidité, et insiste sur *l'absence de lumière solaire* comme cause de l'affection.

M. Bouchardat, de son côté, attribue le mal initial, la matière brune, à une modification spontanée éprouvée par la matière albumineuse de la pomme de terre, très altérable sous l'influence de l'oxygène. Il fait dépendre cet accident des variations de température, et il s'appuie sur cette observation que dans les environs de Paris c'est vers le milieu du mois d'août que les tubercules ont été atteints et qu'à cette époque des gelées blanches ont été observées dans plusieurs localités.

Dans les environs de Neufchâteau, au dire de quelques cultivateurs, le froid a été si vif pendant une nuit que le lendemain on remarquait dans les champs une sorte de gelée blanche.

Des observations identiques se trouvent consignées dans le Journal de la Société d'agriculture du département des Deux-Sèvres, et par M. Bonjean, dans le *Courrier des Alpes* du 20 septembre.

Enfin, M. Georges, dans une brochure spéciale, croit pouvoir attribuer presque exclusivement tous les ravages à l'abaissement de la température. Il a constaté, dans les parties élevées du Limbourg liégeois, des variations de température tellement considérables qu'elles auraient déterminé à la surface du sol de véritables couches de glace. Ce fait s'accorde avec le précédent, mais M. le docteur Georges est-il resté dans les strictes bornes de la vérité quand il présente comme des observations générales et dignes de confiance les remarques plus ou moins équivoques qui lui ont été transmises?

Admettons un fait, celui d'une température automnale pendant l'été.

Cherchons maintenant à démontrer en peu de mots l'influence de l'humidité sur les terrains plus ou moins fumés, et, par suite, son action sur les tubercules.

Dans ces derniers temps, tous les cultivateurs ont remarqué que les terrains secs non fumés ont beaucoup moins souffert que les terrains fumés et humides. Cette observation s'accorde avec les recherches scientifiques. En effet, si, d'une part, comme on le sait, un sol maigre et sablonneux contient moins de matières minérales solubles que les terrains humides et chargés d'engrais, et si, d'une autre part, il est constant qu'un végétal qui absorbe en excès des sels ammoniacaux jaunit et perd même assez promptement ses feuilles et ses rameaux, on trouve dans ces faits la cause de l'altération des pommes de terre en faisant intervenir, suivant les localités, l'absence de lumière solaire, les pluies, les brouillards et les brusques changements de température, qui paraissent avoir partout coïncidé avec la production de la maladie.

Mais je manquerais le but que je me suis proposé dans cet opuscule si je n'allais au-devant d'une objection spécieuse.

Ainsi, la pomme de terre, dira-t-on, se cultive dans des pays humides, où la température moyenne est inférieure à celle de nos années les plus désastreuses de 1816, 1829, pendant lesquelles la moyenne a été de 9°,4 et de 9°,1. Sa culture, je le sais, s'est étendue en Islande et à des hauteurs considérables sur les montagnes d'Europe; mais il suffit de faire remarquer que sous ces climats la température varie peu, à partir d'une époque déterminée, et que les variétés précoces y sont seules cultivées; j'ajouterai enfin une considération importante, c'est que, selon toute probabilité, des races spéciales ont eu besoin de s'y établir et de s'y acclimater avant d'avoir pu entrer, comme aujourd'hui, dans la culture générale.

Pour renverser une théorie scientifique, il ne suffit pas de la combattre par de puissantes objections; il faut en outre avoir à lui opposer une théorie plus vraisemblable. C'est ce que j'ai essayé dans ce chapitre, à l'égard de celle qui admet encore le *botrytis* comme la seule cause de l'affection des tubercules. Je crois pouvoir avancer maintenant que la présence des engrais, jointe à l'absence de la lumière solaire et à l'action de l'humidité, en troublant les principales fonctions des plantes cultivées, peuvent, dans certains cas, déterminer leur altération.

En résumé, ainsi que le fait remarquer M. Royer, et ainsi que j'avais essayé de l'établir antérieurement, ce qu'on présente comme une maladie contagieuse, causée par une espèce particulière de champignon, est une altération chimique des sucs dont on doit accuser, avec les cultivateurs les plus instruits, les temps pluvieux et les intempéries de cette année. En effet, d'après les nombreuses observations publiées jusqu'à ce jour et qui sont en harmonie du reste avec celles des agriculteurs, nous venons de voir que, toutes choses égales d'ailleurs, le dommage a été plus grand dans les bas-fonds et les vallées que dans les terrains élevés et secs. Ainsi, aux environs de Paris, tous les tubercules provenant des plateaux dont le sol est perméable et léger ont à peine souffert, quoique cependant les tiges aient été plus ou moins complétement détruites. Dans les communes de Châtenay, Fontenay-aux-Roses, Aulnay, Montmorency, etc., ce fait a été des plus remarquables. En Angleterre, on sait que les pommes de terre et les haricots cultivés dans les jardins abrités de la vallée de la Tamise sont détruits par des brouillards et des gelées, dont les effets sont insensibles sur les collines basses de Surrey et de Middlesex. Cependant, d'après M. Omalius d'Halloy, le contraire se serait manifesté dans le pays de Liége, où la maladie aurait attaqué de préférence les terres sèches et hautes, au lieu de sévir sur les bords de la Meuse et de l'Ourthe, et de suivre les vallées, comme partout ailleurs. A ces considérations j'ajouterai quelques mots sur l'action qu'on peut attribuer à la nature du terrain.

En voyant ainsi la maladie exercer ses ravages, comme au hasard, on a cru pouvoir attribuer l'altération des tubercules à un mauvais mode de culture et à une préparation défectueuse du terrain réservé aux pommes de terre dans la plupart des exploitations rurales. Sans rejeter absolument cette opinion, je pense qu'il est difficile de pouvoir l'étendre à tous les pays qui se sont trouvés ravagés, et moins encore aux cultures soignées de quelques agronomes instruits chez lesquels les récoltes ont été complétement détruites. Je ferai même observer à cet égard que les pommes de terre les plus *soignées* n'ont pu échapper à l'invasion, et j'en citerai un exemple.

Il existe dans la province d'Anvers un village nommé Bével où, depuis un grand nombre d'années, le cultivateur jouit du monopole de fournir à une partie des Flandres les tubercules qu'on destine aux plantations ou aux semis. Là, chaque année, vers le milieu du mois de juin, on visite soigneusement les champs; on détruit toutes les plantes dont les fanes ne réunissent pas les caractères d'une entière perfection; le buttage y est pratiqué régulièrement deux fois pendant l'été, et aucune de nos cultures maraîchères en France ne pourrait nous donner une idée de la propreté avec laquelle sont entretenues celles de Bével. A l'époque de la maturité, on trie encore, parmi les tubercules-semences, ce qu'il y a de plus parfait; ces tubercules, choisis avec une scrupuleuse attention, se vendent à un prix très élevé, même aux communes environnantes, et souvent on ne peut suffire aux demandes. Eh bien! ces pommes de terre *soignées* ont été atteintes comme les autres, malgré leur culture perfectionnée, et peut-être même, selon moi, à cause de cette culture et de la délicatesse de la race qui en est l'objet.

On doit donc le reconnaître franchement, la cause qui a altéré plus ou moins profondément les tubercules à Bével ne peut être attribuée à une mauvaise culture. Le contraire serait plus vrai, à mon avis, du moins pour cette année. Ainsi, je le répète encore, je ne pense pas que l'observation ait démontré, comme le dit M. Royer, que les cultures placées dans les conditions les plus favorables de sol et de préparation aient notablement moins souffert cette année que celles qui se sont trouvées dans des circonstances opposées.

M. Lindley rapporte, à l'appui de cette opinion, un fait curieux et démonstratif qui s'est passé dans un champ d'une étendue assez considérable, dont le terrain a été l'objet d'une attention toute spéciale de la part de ce savant. La pièce de terre se trouvait, l'année dernière, en pâture ; à l'automne, elle fut défoncée à trois fers de bêche, mais de façon que le gazon ne fût enfoui qu'à la profondeur d'un fer de bêche seulement. Ce champ, situé entre deux grandes routes, fut ensemencé en pommes de terre et reçut comme engrais, dans les parties contiguës à ces deux chemins, une certaine épaisseur de la poussière qu'on y ramassait. Eh bien! la maladie s'est déclarée uniquement dans cette pièce de terre sur les parties fumées, en épargnant complétement la portion moyenne de la plantation qui ne l'avait pas été. L'action des substances azotées s'est donc manifestée ici comme dans le pied de pomme de terre cité par M. l'abbé Michot, lequel pied, enfoui par mégarde dans un tas de fumier, s'est sphacélé à partir des fleurs jusqu'au collet.

Enfin, le volumineux rapport des États-Unis nous apprend encore que la maladie a sévi avec plus d'intensité dans les terrains anciennement cultivés et fumés que dans les terres nouvellement défrichées.

Ainsi tous ces faits infirment les remarques de M. Royer, et viennent corroborer mon opinion, d'après laquelle les dégâts considérables des tubercules s'expliqueraient par la présence du fumier déposé au pied des pommes de terre, tandis que des cultures moins soignées auraient présenté ces dégâts à un bien moindre degré. Un agronome distingué des environs de Gand, M. Blanquaert, invite même les cultivateurs à diminuer à l'avenir la quantité d'engrais qu'ils accordent à leurs tubercules.

J'ai reconnu moi-même, dans une foule de localités très humides de la Brie, des champs entiers de pommes de terre épargnés par le fléau, et qui n'avaient positivement reçu aucun fumier.

La même remarque peut s'étendre aux variétés cultivées au Muséum dans un terrain rapporté, calcaire, mais très perméable à l'humidité.

Un des agronomes les plus éclairés de la Belgique, M. Berckmans, auquel je m'étais adressé pour obtenir quelques renseignements au sujet de l'affection des pommes de terre, m'écrivait : « J'ai assisté à l'invasion du fléau qui s'est déclaré vers la fin de juin, et cependant il m'est impossible de vous dire d'une manière certaine si la maladie a commencé par les feuilles, ou si les feuilles n'ont fait que subir le résultat du dépérissement des racines. Le mal me paraît cependant avoir commencé par les feuilles, quoique ce ne soit pas le cas ordinaire pour nos végétaux des grandes cultures. Les centaines de plantes que j'ai fait arracher sous mes yeux m'ont offert des racines saines, tandis que les fanes étaient plus ou moins affectées. J'ai fait couper les tiges de quelques carrés rez terre, et j'ai vu de nouveaux bourgeons se développer sur les tiges mutilées.... Mes cultures sont largement fumées.... On a fait, à mon avis, jouer un rôle trop exclusif à l'humidité. Quoique les pluies aient été abondantes, la quantité d'eau tombée chez moi a été comparativement faible; elle n'a pas suffi à détremper la terre à une profondeur suffisante. En effet, à l'époque de la plus grande violence du mal, la terre n'était humectée que jusqu'à 2 décimètres. Les premiers jours de mai avaient été si arides que la terre était desséchée à une profondeur considérable; et, depuis cette époque, les alternatives d'un soleil brûlant et de pluie ont, pour ainsi dire, laissé au sol ce même état de sécheresse. Chez moi, je puis vous l'affirmer, les terres légères n'étaient pas suffisamment humectées et les terres fortes ne l'étaient pas trop. La végétation était exubérante vers le milieu de juin. Nous eûmes alors deux ou trois jours d'une chaleur excessive; mais, à partir de cette époque, l'air a, pour ainsi dire, constamment été chargé d'électricité et le ciel couvert d'un brouillard dense et fétide. C'est à la suite de ces perturbations atmosphériques que j'ai remarqué sur les fanes les premières atteintes du mal, attribuées par les uns au feu électrique, par les autres au brouillard, mais que tous les campagnards assimilaient à une *brûlure*, comparable en effet à l'altération que présentent en outre les parties herbacées d'une foule de plantes. Quelques nuits remarquablement froides ont suivi ces chaleurs vives et ces brumes..... »

Nous trouvons donc encore ici une preuve de l'action des agents météoriques sur des cultures largement fumées.

En général, les variétés hâtives ont produit la récolte d'une bonne année, et, à leur égard, les évaluations de M. Royer me paraissent l'expression de la vérité pour les environs de Paris ; on verra plus loin qu'il n'en est plus de même en Hollande et en Belgique. Ainsi, dans certaines localités, la maladie s'est bornée aux tiges sans atteindre les tubercules ; dans d'autres au contraire, après avoir frappé les fanes et avoir épargné pendant quelques semaines les tubercules, elle semble être revenue sur elle-même pour frapper ce qui d'abord avait échappé comme n'offrant pas un état de développement assez avancé.

En Belgique, toutes les variétés ont successivement fini par être atteintes, mais les tubercules destinés au bétail ont succombé les derniers ; les grosses *patraques*, au contraire, les

Rohan, ont été les premières à s'altérer sur quelques points des environs de Paris.

Deux variétés, celles dites des *Cordilières* et de *Lima*, n'ont absolument rien produit dans un terrain bien soigné où, année commune, un des agronomes des plus éclairés des environs de Gand, M. Blanquaert, récoltait 7 ou 8 hectolitres.

Les pommes de terre bleues, communément cultivées en Belgique, ont été presque totalement perdues; à peine en est-il resté un douzième d'une récolte ordinaire, et encore n'était-on point certain de leur conservation.

Aux environs de Paris et dans la Brie, les *segonzac*, les *moussons roses*, les *fine-peau*, les *patraques jaunes*, ont souffert à une époque où les *vitelotes*, les pommes de terre *bleues* et *violettes* se conservaient en parfaite santé.

Des observations analogues ont été faites en Hollande. Ainsi des champs de la variété *rouge-pâle*, enclavés au milieu d'autres champs de pommes de terre, se sont conservés jusqu'au 5 septembre. Ailleurs, la maladie épargnait l'*early-kidney*, l'*ananas* dans les cultures du baron Barneveld, et les frappait chez d'autres cultivateurs.

M. Numan, dans son rapport au gouvernement des Pays-Bas, indique les pommes de terre *jaunes de la Frise* comme la race qui aurait été partout attaquée la première, puis les *blanches* et les *bleues* du même pays; les *rouges*, les *blanches-rosées*, puis enfin les *rouges de Zélande.*

Enfin, ce qui vient appuyer encore mon opinion sur l'acclimatation des races, c'est qu'une variété nommée *westlanders* (des terres de l'ouest), les *westbergers* (des montagnes de l'ouest), les *péruviennes*, les *cordilières*, les *kidneys*, les *coblentz*, ainsi que plusieurs autres variétés ou races *nouvellement introduites*, ont complétement été ravagées et n'ont même produit aucun tubercule en Hollande.

Je conclus des observations rassemblées dans ce chapitre :

Qu'au point de vue physiologique, l'absence de lumière solaire, jointe à l'humidité de l'atmosphère, peut rendre compte de la maladie des pommes de terre ;

Que, sous ces mêmes influences, les terrains humides et fumés auront concouru plus que les terres maigres à favoriser l'extension de la maladie ;

Que les races nouvellement introduites dans un pays peuvent avoir besoin de s'y acclimater avant de supporter des causes d'altération auxquelles résistent les races anciennes.

CHAPITRE IV.

Marche géographique de la maladie.

Tout semblait présager une bonne récolte, lorsque le fléau qui nous occupe est venu tout à coup anéantir les espérances des cultivateurs et jeter l'alarme dans les populations; son invasion subite, la régularité de sa marche, et surtout l'immense étendue de ses ravages en Hollande et en Belgique ont dû nécessiter, de la part de ces gouvernements, des mesures législatives tout exceptionnelles ayant pour objet d'assurer la subsistance des deux nations.

En présence d'une telle calamité, on s'est empressé de rechercher si déjà elle s'était montrée à une époque antérieure et si à l'aide des anciennes relations on pouvait obtenir quelques données pour la conservation des tubercules. Mais partout, ainsi qu'il arrive souvent en semblable cas, le caractère essentiel, le *signalement*, est laissé de côté; les caractères généraux ont seuls attiré l'attention, et, comme nous l'avons déjà vu, ils sont si variables, ils ont donné lieu à tant d'hypothèses, qu'il me semble impossible de pouvoir reconnaître avec certitude dans les anciens écrits l'affection qui nous occupe aujourd'hui; presque toujours on a, je crois, confondu deux maladies, la *frisolée* ou la *cloque*, avec la maladie régnante ainsi qu'on l'a fait récemment encore en confondant la maladie décrite par M. de Martius sous le nom de gangrène sèche avec celle qui nous intéresse.

Cependant, d'après les recherches de M. Dumortier, il paraîtrait que les Flandres auraient été envahies, en 1775, par une maladie identique à celle qui s'est manifestée cette année et qui suivant Thaër aurait sévi dans le Hanovre ainsi que dans les provinces méridionales de la Prusse, en 1770.

D'autres personnes assurent encore avoir remarqué en 1816 en Alsace, et en 1829 dans l'Orléanais, une altération brune semblable à celle que nous présentent aujourd'hui les tubercules affectés.

D'après une communication adressée à l'Académie des sciences par M. le docteur Decerfz et suivant M. Lefour, un de nos agronomes les plus distingués, la maladie actuelle se serait montrée en France depuis longtemps, mais sur une échelle si peu étendue qu'elle n'aurait point fixé l'attention publique.

En admettant l'exactitude des remarques relatives à l'Alsace et à l'Orléanais on y trouverait un rapprochement curieux, c'est que la maladie se serait déclarée sous une température moyenne, inférieure à celle des années ordinaires. En effet dans les années 1816 et 1829 la température moyenne a été de 9° au lieu de 10°,8 qui paraît être la moyenne normale à Paris.

M. Durand, pharmacien en chef à l'Hôtel-Dieu de Caen, assure avoir fréquemment observé, à un degré plus ou moins intense, la maladie sur les pommes de terre cultivées dans les terrains bas, humides et argileux du pays d'Auge.

Enfin on rapporte qu'en 1838, à la suite de pluies prolongées, les pommes de terre, semées en avril, furent, peu de semaines après, complétement et simultanément détruites sur plusieurs points de la Bretagne.

Cette année, tout semble démontrer que le fléau aurait d'abord envahi la Belgique pour se porter peu après en Hollande. D'après M. Dumortier, il se serait d'abord déclaré à la fin de juin dans les Flandres occidentales, où il sévissait avec force; de là il se serait porté sur l'Escaut qu'il aurait traversé vers le 6 ou 8 juillet, pour atteindre les différentes îles de la province de Zélande.

Vers le 5 juillet les parties basses et humides de la province de Gueldre signalaient son invasion qui s'est étendue plus tard dans les parties élevées.

Dans les environs de Paris, la maladie s'est montrée vers le milieu du mois d'août. Ainsi à l'époque des dernières leçons du cours de botanique rurale de M. Adrien de Jussieu, c'est-à-dire au commencement d'août, les champs de pommes de terre ne présentaient aucune altération.

Elle ne s'est pas propagée par continuité d'une commune à l'autre. On signalait à la fois son apparition sur plusieurs points très éloignés. Ainsi on a remarqué des localités où elle a été très lente à se propager, quoique tous les villages environnants fussent depuis longtemps infestés.

Elle s'est montrée en Suède et dans le Danemark, après avoir sévi en Hollande.

En France, sa marche paraît avoir été assez régulière. L'Artois, la Picardie, l'Ile-de-France, la Normandie, la Bretagne, une partie de l'Anjou et de la Bourgogne étaient atteints avant les provinces de l'est. Le congrès de Mulhouse signalait son invasion vers la fin de septembre, alors que dans une partie de la Hollande on avait déjà songé à faire une nouvelle plantation de tubercules.

Et ces observations sont d'accord avec les remarques de nos deux plus illustres agronomes, MM. de Gasparin et Boussingault, qui ont constaté qu'il tombait annuellement moins de pluie dans les régions orientales que dans les parties occidentales du continent européen. Cette inégalité, jointe à l'époque à laquelle la pomme de terre arrive à maturité dans les diverses parties de l'Europe, tendrait à expliquer son apparition tardive aux environs de Berlin.

L'île de Wight et l'Angleterre paraissent avoir été envahies presque simultanément, ainsi que Paris, vers le milieu du mois d'août; le 23 de ce même mois, on trouvait en effet à peine quelques tubercules de bonne qualité sur les marchés de Londres.

Dans la Champagne, en Alsace et dans le Lyonnais, le mal s'est manifesté un peu plus tard, vers le milieu de septembre. La récolte terminée, dans cette province, vers les premiers jours d'octobre était satisfaisante, et, contre l'attente générale, on ne trouvait qu'un très petit nombre de tubercules avariés, au milieu des plantations.

C'est à cette même époque que la maladie s'est montrée en Irlande, en Écosse, et dans nos départements méridionaux. Cette coïncidence, assez bizarre en apparence, est cependant en harmonie avec les faits établis, car on sait que dans les îles ou dans le voisinage de la mer, la température est assez uniforme et que certaines villes possèdent à très peu près la même température moyenne que certaines autres qui se trouvent situées sur le continent à une latitude notablement plus basse; ainsi sur la côte méridionale de l'Angleterre les hivers sont même tempérés et la moyenne hivernale s'y maintient encore entre + 5° et + 6°, quoique la température moyenne annuelle dépasse à peine 11°. (Humboldt, *As. centr.*, 3, p. 145, et Boussingault, *Écon. rur.*, 2, p. 644.)

Au reste nous n'avons, pour ainsi dire, aucune observation exacte sur les températures moyennes des diverses localités infectées, et nous manquons de toutes les données rigoureuses qui nous permettraient de prononcer avec certitude sur l'identité des phénomènes observés à l'époque de la maladie des pommes de terre.

Mais les témoignages sont unanimes pour signaler la rapidité avec laquelle le mal s'est propagé, et si quelques champs ne se sont altérés que progressivement, la plupart ont été ravagés dans l'espace de quelques heures. En Hollande, par exemple, l'invasion a été si rapide, la population s'en est si vivement alarmée, elle était si convaincue du danger qui menaçait les consommateurs des tubercules malades, qu'elle les abandonnait partout sur le champ et que, dans l'espace de quinze jours, on a vu le prix du riz doubler de valeur et celui des pommes de terre s'élever de 10 fr. à 20 fr. l'hectolitre pour celles qui se trouvaient cultivées dans les dunes aux environs de Katwyk et de Nordwyk, où le mal n'avait point sévi.

CHAPITRE V.

Dégénérescence des tubercules.

Plusieurs agronomes ont cru pouvoir attribuer le dégât causé cette année à la dégénérescence des tubercules employés à la semence. Mais peut-on expliquer par une hypothèse aussi étroite l'altération générale dont il s'agit? Je ne le crois pas. Depuis longtemps, en effet, on s'occupe, à l'aide de semis, d'obtenir de nouvelles variétés dont le nombre s'élève aujourd'hui à près de deux cents; partout on a vu surtout depuis quelques années s'introduire dans les cultures un nombre considérable de nouvelles races; enfin, en France, en Hollande et surtout en Belgique, on a vu les cultivateurs se procurer à l'envi dans les pays voisins des tubercules sur lesquels la maladie a généralement et indistinctement sévi. Je suis loin néanmoins de blâmer le renouvellement des semences; mon opinion est fixée à cet égard. Le renouvellement des semences procure toujours un heureux résultat. On sait que la graine de sapin d'Écosse est préférable à celle de nos forêts; les propriétaires soigneux échangent annuellement, et avec avantage, leurs graines contre celles que produisent les individus développés sous des conditions de climat ou de sol opposées; les cultivateurs belges se procurent de Riga leur graine de lin; les fermier des polders, ou des plaines basses du pays, prennent aux terres franches et légères leur blé, que les locataires de ces derniers échangent contre les blés et les avoines de ces polders. La même coutume s'opère journellement en France par l'échange des céréales entre les provinces du nord et celles du midi. Enfin les mêmes usages se remarquent, soit pour les fleurs, soit pour les légumes, dans la culture jardinière, où, malgré ces sages précautions, il n'est pas rare malheureusement de voir encore manquer les récoltes.

Je le répète, l'hypothèse de la dégénérescence des variétés ne peut s'étendre cette année à la maladie générale des pommes de terre et s'appliquer à des phénomènes aussi étendus que ceux qui s'observent actuellement.

On a vu, je le sais, disparaître presque subitement de nos jardins certaines variétés ou même certaines races; mais ici je ne puis admettre la dégénérescence instantanée et complète des nombreuses variétés qui ont souffert, puisque avant le mois de juillet la plupart d'entre elles offraient une végétation tellement luxuriante que personne certes n'aurait eu la pensée de considérer comme malade et dégénérée une plante dont les nombreuses variétés en Angleterre, en Belgique et en Hollande, constituent la base de la culture des fermes de moyenne importance.

Partout on a remarqué que des variétés obtenues de graines depuis trois ans ont été atteintes ainsi que les races plus anciennement établies dans les mêmes localités. Enfin des agronomes des États-Unis ont remarqué qu'en 1844 les variétés nouvellement introduites ont plus souffert que les races anciennement cultivées dans les mêmes contrées et sous les mêmes conditions.

Cette seule remarque suffit pour réduire au néant l'hypothèse de la dégénérescence des tubercules dans les circonstances actuelles.

Je concevrais cette explication si, en effet, les nouvelles races s'étaient trouvées partout épargnées, et si tous les champs ensemencés avec les anciennes variétés eussent été complétement ravagés. Mais il n'en est pas ainsi : sur tous les points, on a vu des plantations conservées intactes au milieu de plantations détruites, quoique ensemencées avec la même variété. Que prouve le raisonnement des partisans de la dégénérescence des races, si on démontre que, dans une même localité, toutes les variétés ont été indistinctement attaquées, et préservées au contraire sur d'autres points cependant assez rapprochés? A-t-on tenu note, pour décider la question, de toutes les circonstances de plantations, de fumure, etc.? Je dis plus, la conservation ou la destruction complète d'une race nouvellement introduite dans un pays ne prouverait encore rien pour une première année, car il est évident que cette nouvelle venue, nécessairement bien recommandée, serait toujours la mieux soignée, et que, sous des circonstances atmosphériques aussi désavantageuses que celles de cette année, cet excès de soin pourrait lui être défavorable, sans néanmoins qu'on en puisse rien préjuger soit pour la délicatesse, soit pour la rusticité de cette race.

Il sera bon néanmoins de choisir pour la semence de 1846 des tubercules provenant des terrains sablonneux, chez lesquels la maturation se sera trouvée naturellement plus complète. Les différentes commissions agricoles appelées à se prononcer sur le bon emploi des tubercules sains comme semence en 1846 ont été d'avis que les tubercules récoltés cette année et conservés sans altération pourraient servir à la reproduction.

D'après tout ce qui précède, il me paraît utile de recommander aux cultivateurs des départements du nord la culture des variétés hâtives. Partout cette année le fléau les a pour ainsi dire épargnées complétement, et si, comme tout le fait présumer, on doit attribuer la plus grande partie du dégât aux influences météoriques qui se manifestent pendant l'été, il serait prudent de prévenir ces fâcheux effets en hâtant l'époque de maturité.

CHAPITRE VI.

Contagion de la maladie.

§ Ier. — Contagion du Botrytis.

La maladie est-elle contagieuse? ce point est le plus important. Les opinions émises à ce sujet doivent se ranger sous deux chefs principaux. Il importe surtout de ne pas confondre les deux causes d'altération décrites par MM. Morren et Payen, puisqu'il est évident, en effet, que les cryptogames parasites, regardées par ces savants comme cause essentielle du mal, ne présentent aucune analogie.

M. Morren admet que le *botrytis* apparaît sur les feuilles et détermine la production des taches brunes, en altérant les sucs, et qu'il se propage en répandant des séminules qui, au lieu d'être simples, ne seraient que des capsules renfermant un nombre illimité de corpuscules reproducteurs. Cette manière de voir, si on l'accepte comme vraie, demande cependant à être démontrée, et de plus elle ne rend pas compte de la contagion. Car enfin, que les spores soient des corps simples ou qu'ils en renferment d'autres, pourquoi le *botrytis* ne se montre-t-il pas sur les tubercules fraîchement arrachés? pourquoi est-il si rare, si toutefois il existe, sur les pommes de terre avariées, qui se couvrent au contraire de champignons que personne n'a observés sur les feuilles? pourquoi les hommes les plus exercés aux recherches micrographiques et les cultivateurs les plus éclairés ont-ils vainement cherché à constater sur les tiges la présence du *botrytis?* pourquoi des pommes de terre plantées le 7 août entre les touffes de celles qui se sont trouvées détruites ont-elles végété avec vigueur et ont-elles produit aujourd'hui une bonne récolte? pourquoi des champs couverts de fanes plus ou moins altérées n'ont-ils pas répandu leurs germes infestants sur les tabacs et les tomates que j'ai vus végéter avec vigueur au milieu de ces prétendus foyers d'infection?

Je le répète encore, mes premières recherches ont été dirigées par l'idée de rencontrer une plante cryptogame sur les tiges détruites et de lui rapporter l'altération; le même sentiment a guidé les recherches des membres de la commission de la première classe de l'institut des Pays-Bas, et sauf M. Vanhall, MM. Vrolick, Numan, Brants, etc., ont été d'une opinion contraire. Si on veut voir, avec M. Morren, l'effet contagieux du *botrytis*, qu'on nous explique pourquoi ce même champignon n'engendre de maladie ni dans des champs, ni même sur des touffes voisines de celles qui se sont trouvées infestées. Tant que cette objection restera debout il sera difficile de vaincre l'incrédulité des botanistes et des agronomes et de leur faire reconnaître dans les *botrytis* des messagers d'épidémies.

Il faut le reconnaître aujourd'hui, l'opinion de M. Morren, qui a tant contribué à jeter l'alarme parmi les populations, repose sur une erreur d'observation, et les raisonnements les plus subtils n'empêcheront pas que M. Morren, en persévérant dans son hypothèse, ne se trouve complétement isolé.

§ II. — Contagion de la matière brune.

Il me reste à exposer les expériences entreprises par M. Payen, dans le but de s'assurer si la maladie des tubercules avariés et si la matière brune pouvait se transmettre par le contact immédiat. M. Payen a fait l'expérience suivante : « Dix tubercules attaqués furent rangés sur un plateau autour de deux tubercules sains d'une autre variété, et dont un était coupé en travers.

« Le plateau fut maintenu sous une cloche dans un air presque saturé d'humidité, à une température de 20 à 28 degrés centésimaux.

« Au bout de huit jours, on n'apercevait aucun signe de transmission.

« Afin de rechercher comparativement si la

transmission aurait lieu en dehors de l'influence d'une grande humidité, j'avais entouré trois tubercules sains de la même variété, dont un coupé en deux, avec douze tubercules fortement attaqués, rapprochés des premiers presque jusqu'au contact; le tout était recouvert de fanes sèches et placé dans un même endroit dont la température varia de 20 à 29 degrés, mais sans ajouter d'eau; j'avais ménagé au contraire une issue à la vapeur par un léger courant d'air. Après douze et même quinze jours, aucune apparence de végétation cryptogamique ni d'altération quelconque n'apparaissait sur les tubercules sains. »

Cette expérience, comme on le voit, n'a rien que de très rassurant. Elle est loin de s'accorder avec les conseils donnés si malheureusement dans le principe de brûler ou de jeter les tubercules avariés.

Quant à la transmission de la maladie par le contact immédiat des parties brunes dénudées, elle ne doit rien avoir de surprenant, et ne peut rien prouver, selon moi, en faveur de la présence d'un champignon. Il suffit, pour s'en convaincre, de se rappeler ce qui se passe dans les fruitiers où le contact d'un fruit gâté suffit pour altérer un fruit sain, sans néanmoins qu'on puisse discerner sur le premier soit à l'intérieur, soit à l'extérieur des tissus, les plus légères traces de champignon.

Depuis deux mois je conserve en contact dans un même vase, rempli de terre de bruyère, des tubercules sains et des tubercules très malades, qui conservent chacun leur caractère primitif.

CHAPITRE VII.

Résultats de la destruction des tiges sur la production des tubercules.

Les données transmises de différents départements ou de diverses provinces de la Belgique et de la Hollande ne s'accordent point, relativement à l'évaluation approximative des pertes éprouvées cette année.

Ainsi, vers le commencement de septembre, on regardait la récolte comme entièrement perdue dans les provinces de Gueldre, d'Utrecht, de Zélande, etc. Nous avons malheureusement vu la même panique se reproduire sur quelques points de la France. Aujourd'hui, en Belgique, quelques propriétaires espèrent conserver les deux tiers de leur récolte, d'autres l'estiment au tiers d'un rendement ordinaire, les plus maltraités la portent au quart, au cinquième et même au sixième. Les membres de la commission du conseil de salubrité publique à Bruxelles réduisent la récolte à un dixième. Il est plus difficile encore d'arriver aujourd'hui même à une approximation quelconque pour la France. D'après mes observations aux environs de Paris, j'adopte l'opinion de M. Royer, qui évalue à 5 ou 6 p. 100 de la récolte totale la proportion des tubercules avariés ; 10 p. 100 me paraissent également une exagération, sauf les exceptions que présentent les bas-fonds, quelques cultures isolées et sur lesquelles on ne peut rien statuer.

Dans le cas où les tiges ont seules été détruites, cette destruction, comme on devait s'y attendre, a entraîné une diminution plus ou moins considérable dans la production des tubercules. A l'égard des variétés tardives surtout, la récolte a été complétement nulle dans une foule de localités en Hollande et en Belgique, et même en France. Aux environs de Paris, malgré l'entière destruction des tiges, la récolte des mêmes variétés est loin d'être anéantie. Les tubercules, sans être ni abondants ni volumineux, sont en général de bonne qualité dans les terrains perméables et légers ; ceux qui proviennent d'un sol compacte, reposant sur un sous-sol perméable, sont à peu près dans le même cas. Néanmoins on peut établir que les tubercules sont aqueux et n'ont même pas atteint leur état de maturité parfaite à cette époque de l'année. Ils sont en général gorgés de sucs et verdissent promptement au contact de l'air. M. Philippar a vu en effet des pommes de terre arrachées le matin, laissées sur place pendant la journée et présenter le lendemain une teinte verte très prononcée.

Cependant si le dommage n'a pas été aussi étendu en France que dans les pays limitrophes, et si la récolte a été plus abondante qu'on n'était pour ainsi dire en droit de l'espérer, il ne faut pas en conclure, comme certains esprits, que le mal a été exagéré en Belgique et en Hollande. Dans ces deux pays la perte a été énorme, et à cet égard on ne verra peut-être pas sans intérêt le tableau statistique de la culture des pommes de terre dans le royaume des Pays-Bas où ce tubercule peut être considéré aujourd'hui comme la base de la nourriture non pas seulement des classes pauvres, mais encore des classes moyennes de la société.

En voici le produit pendant les deux dernières années dans les différentes provinces du royaume :

	1843.	1844.
	hectol.	hectol.
Brabant septentrional. . .	2,333,793	1,993,197
Gueldre.	2,897,701	2,504,527
Hollande méridionale. . .	1,681,196	1,536,967
Hollande septentrionale. .	275,975	533,250
Zélande.	805,464	764,888
Utrecht.	453,841	344,792
Frise.	2,126,157	1,830,006
Overyssel.	1,116,390	1,348,830
Groningue..	1,395,247	1,349,533
Drenthe.	622,957	650,777
Limbourg.	753,850	695,263

Le produit total a donc été en 1843 de 14,462,517 hectolitres; en 1844, de 13,552,030 hectolitres, provenant d'environ 75,000 hectares.

La diminution observée entre les produits de 1843 à 1844 reconnaît plusieurs causes, en tête desquelles on doit placer l'immense développement qu'a pris à Java la culture du riz qui entre aujourd'hui pour une part considérable dans l'alimentation de la population hollandaise; puis les bonnes relations existant entre la Belgique et le royaume néerlandais qui permet l'importation des grains étrangers; enfin le nouveau développement que prend aujourd'hui en Zélande la culture de la garance.

Quant aux dégâts causés sur les tubercules dans les différentes provinces de la Hollande, on les évalue comme suit :

	hectares.	atteints de la maladie.
Brabant septentrional. . . .	10,676	10,661
Hollande septentrionale. . .	2,287	1,121
Hollande méridionale.. . . .	12,310	10,943
Zélande.	4,686	3,748
Frise..	10,816	7,998
Overyssel.	7,326	5,461
Limbourg.	7,113	2,254

Ces documents officiels nous donnent une idée de l'affreuse étendue des dégâts, puisque, d'après ce relevé, on peut en conclure que les *deux tiers*, sinon les *trois quarts* du produit ont été frappés.

On estime en France la récolte annuelle des pommes de terre à 4,800,000 hectolitres représentant 31,000,000 de quintaux métriques ; mais jusqu'à ce jour il est impossible d'évaluer les pertes.

En Belgique, d'après le rapport présenté aux chambres législatives, on porte à 12,000,000 d'hectolitres la consommation annuelle des pommes de terre, qui sont, surtout pour les habitants des campagnes, la base principale de l'alimentation.

Dans quelques provinces, ainsi qu'en Hollande, on évalue également la perte aux deux tiers de la récolte.

CHAPITRE VIII.

Caractères généraux.

Etat des plantations des pommes de terre dans les environs de Bruxelles.

J'emprunte le relevé suivant à l'excellent et consciencieux rapport de M. le docteur Dieudonné. Cette statistique, instructive par la variété de pommes de terre qu'elle nous présente, nous donnera en outre une idée de l'aspect des campagnes et des ravages incroyables qu'a faits l'épidémie sur un espace très resserré. Le sol bien amendé sur lequel la commission a d'abord fixé son attention appartient à un terrain d'alluvion analogue à celui du bois de Boulogne, de la plaine du Point-du-Jour, de la presqu'île de la Marne, etc. C'est, en un mot, un terrain sablonneux mêlé de cailloux roulés.

« *Premier champ.* — Pommes de terre blanches hâtives; elles sont en fleur; toutes les sommités sont flétries, desséchées; les feuilles sont noires; les tiges présentent de nombreuses taches brunes et cassent comme du verre au niveau de ces taches; les tubercules étaient assez développés et sains. Ce champ n'était pas complétement noir, les plantes étant encore assez bien garnies de feuilles vertes. Les deux premières rangées de tiges bornant la plantation au nord ont beaucoup plus souffert et sont complétement noires et desséchées.

« *Deuxième champ.* — Pommes de terre rouges tardives, commençant seulement à fleurir; beaucoup plus malades que les précédentes. elles n'offrent plus que très peu de feuilles saines; les tiges sont fortement tachées; les tubercules ont la grosseur d'une cerise et sont sains. Plusieurs plantes commencent à repousser assez vigoureusement du pied.

« *Troisième champ.* — Pommes de terre blanches précoces, en fructification avancée; les tiges sont peu tachées; les tubercules sont sains et d'une grosseur ordinaire.

« *Quatrième champ.*—Pommes de terre rouges tardives, n'ayant pas encore fleuri ; symptômes semblables à ceux du n° 2; tubercules sains, mais petits. Quelques tiges sont garnies de nouvelles pousses.

« *Cinquième champ.* — Pommes de terre blanches précoces, en état de maturité. On est occupé à arracher. Le propriétaire déclare qu'elles sont de moitié moins grosses et moins nombreuses que les autres années. Les tiges sont peu attaquées et les tubercules sont sains.

« *Sixième champ.* — Pommes de terre blanches

en fructification ; tiges peu tachées ; tubercules petits, mais sains ; sol sablonneux très maigre.

« *Septième champ.* — Pommes de terre blanches précoces ; tiges très peu tachées et assez bien pourvues de feuilles saines ; tubercules beaux et sains.

« *Huitième champ.* — Pommes de terre blanches précoces en état de maturité ; tiges fortement tachées presque totalement effeuillées ; tubercules petits, mais sains.

« *Neuvième champ.* — Pommes de terre blanches tardives; en fleur; les tiges sont en général saines et assez bien garnies de feuilles saines, mais toutes les sommités sont grillées. Les pommes de terre situées à la partie supérieure du champ ont beaucoup plus souffert. Les tubercules sont peu développés et sains ; cependant on en rencontre un assez bon nombre présentant à leur surface de petits points blancs de la grosseur d'une graine de pavot, constitués par de petits amas de fécule, phénomène assez fréquent dans les années humides et sans aucune conséquence fâcheuse si les pluies ne sont pas abondantes et continues.

« *Dixième champ.* — Pommes de terre rouges tardives ; les tiges sont très malades et complétement grillées ; les tubercules sont très petits, et plusieurs présentent des taches. Terrain rempli de galets et placé au sommet de la colline.

« *Onzième champ.* — Pommes de terre blanches tardives, n'ayant pas encore fleuri; sommet des tiges grillé; tiges tachées; tubercules petits; quelques-uns sont tachés.

« *Douzième champ.* — Pommes de terre rouges tardives. Toute la plantation paraît frappée de mort; çà et là on rencontre encore une plante offrant quelques parties vertes; si l'on arrache celles qui présentent le meilleur aspect, on ne trouve sous terre que quelques rares tubercules ayant à peine quelques millimètres de circonférence. Tous les autres individus sont totalement dépourvus de tubercules, et si petits que soient ceux qu'on observe, ils présentent déjà des taches.

« Du point où nous sommes arrivés, dit M. Dieudonné, on embrasse un vaste horizon, et de quelque côté qu'on porte les regards, on n'aperçoit partout, au milieu de plaines d'un aspect sombre, que d'immenses taches noires. Ces immenses taches noires, ces tristes plaines, sont des champs entiers, et souvent d'une étendue considérable, d'où toute trace de végétation a disparu et où l'on ne trouve plus que des fanes noires desséchées. »

Le nombre de plantations observées ainsi en détail par la commission du comité central de salubrité publique s'élève à quarante-huit. Partout les champs ont à peu près fourni les mêmes résultats. Cependant, dans certaines localités basses, les tubercules se sont trouvés plus nombreux et plus développés. Cette différence paraît tenir à différentes causes, soit à une époque plus précoce, soit à ce que, près de certains villages, les parcelles de terrains se trouvaient abritées par d'épais rideaux de verdure auxquels M. Omalius d'Halloy attribuait la préservation de ses champs de pommes de terre.

Il résulte enfin des recherches de la commission d'enquête que toutes les campagnes des environs de Bruxelles ont subi à peu près le même sort; que toutes les variétés de pommes de terre ont été indistinctement atteintes, mais à des degrés différents, il est vrai, suivant l'époque de la plantation, selon l'exposition et la nature du terrain; que les pommes de terre précoces, quoique en général moins grosses et moins nombreuses qu'à l'ordinaire, ont aussi moins souffert que les variétés tardives qui, dans certaines localités, n'ont même point produit de tubercules; que la récolte enfin a été nulle, ou équivalente tout au plus au dixième d'une récolte ordinaire.

Ce triste exposé, puisé dans le rapport de M. Dieudonné, est conforme à ce qu'on a constaté en Hollande; mais peut-être doit-il quelque chose à l'impression douloureuse sous laquelle il a été écrit?

CHAPITRE IX.

De l'innocuité des tubercules malades comme aliment.

L'expérience a démontré aujourd'hui que l'usage alimentaire des pommes de terre malades ne produit aucun effet nuisible ni sur la santé des hommes ni sur celle des animaux domestiques, et qu'à plus forte raison, en enlevant les portions altérées, on conserve aux tubercules toutes leurs qualités. Je puis citer, à l'appui de ce fait, ce qui se passe depuis plusieurs semaines dans les casernes de la banlieue de Paris, où les soldats se nourrissent de tubercules avariés qu'ils obtiennent à très bas prix, et qu'ils préfèrent, après les avoir épluchés, aux légumes secs; il est bien entendu qu'il ne peut être question ici de tubercules putrilagés.

En Hollande, des familles indigentes, dont la nourriture consiste cette année en pommes de terre malades, n'éprouvent d'autres désagréments que celui d'ajouter, à cet aliment de mauvaise qualité, une faible quantité de vinaigre pour masquer l'odeur que répandent, par la cuisson, les tubercules avariés. Les petits cultivateurs du même pays, pour qui ces tubercules doivent former la base de l'alimentation, y ajoutent quelques gros légumes au lieu de se nourrir exclusivement de pommes de terre bouillies suivant l'usage du pays. Ces expériences reproduites depuis quelques semaines sur une grande échelle, sont démonstratives et de nature à calmer les craintes pour l'avenir.

En Belgique, on a reconnu que des porcs pouvaient être impunément nourris pendant trois mois au moyen de tubercules avariés, bouillis ou crus; ce résultat fort important, comme l'a fait remarquer M. Bourson, permet au petit cultivateur de compter sur l'engraissement du porc qu'il entretient pour servir à sa nourriture d'hiver.

Des observations suivies avec soin, du 24 août au 7 septembre, par M. Numan, professeur à l'école vétérinaire d'Utrecht, ont prouvé d'une manière plus certaine encore l'innocuité des tubercules avariés sur des porcs et des chiens. Quatre porcs, nourris chaque jour avec dix kilogrammes de tubercules crus et très gâtés, auxquels on ajoutait deux litres de lait de beurre, se sont engraissés comme ceux auxquels on accordait dix kilogrammes de pommes de terre gâtées et bouillies, deux litres de lait de beurre et un kilogramme de farine d'orge.

Il est un fait plus rassurant encore à ajouter, c'est que les bestiaux, et surtout les porcs, nourris exclusivement aujourd'hui de tubercules fortement avariés n'ont ressenti jusqu'ici aucune incommodité, et que les cultivateurs paraissent, du moins en Belgique et en Hollande, entièrement rassurés sur les effets de ce mode d'alimentation. Ce fait est d'autant plus important qu'il atténue les résultats désastreux de la maladie. Partout en Belgique on ramasse les pommes de terre, depuis longtemps abandonnées dans les campagnes, pour en nourrir les bêtes à cornes, auxquelles on les administre, il est vrai, avec modération. Aujourd'hui revenu en général à des idées plus justes, quoique fort éloignées encore de la vérité, le cultivateur ne perd rien des tubercules qu'il avait jugé prudent de rejeter dans le principe, lorsque, sous la préoccupation d'une croyance erronée, il attribuait aux tubercules malades tous les cas de mort qui se manifestaient parmi ses animaux domestiques.

En résumé, rien ne prouve le danger des tubercules malades; et si, contre toute probabilité, la maladie venait à sévir de nouveau, les cultivateurs, éclairés par tout ce qui précède, trouveraient pour eux-mêmes un emploi utile des tubercules gâtés, et sauraient qu'à l'aide de quelques légères précautions ils peuvent, avec la même sécurité, nourrir leur bétail des parties les plus avariées.

CHAPITRE X.

De la conservation des tubercules.

Les commissions chargées, en Hollande et en Belgique, de l'examen des questions relatives à la maladie des pommes de terre, et la commission de Paris, ayant pour organe M. Payen, ont exprimé au sujet de la conservation des tubercules les idées les plus sages ; elles ont cru devoir donner, en effet, la préférence à celles de ces méthodes qui seraient d'un emploi facile et peu coûteux pour la généralité des cultivateurs ; d'accord sur les points principaux avec les cultivateurs, elles recommandent :

1º De laisser les tubercules exposés au soleil et à l'air libre, sur le champ où ils auront été récoltés; de les étaler après avoir effectué un premier triage ;

2º De les transporter dans une cour ou un jardin, si le temps est favorable, de les y amonceler en tas peu élevés, de manière à procéder avec facilité à un second triage ;

3º De les rentrer ensuite dans un lieu sec, couvert, sombre et suffisamment aéré (remises, granges, hangars, etc.) , où on les étalera en lits de la moindre épaisseur possible, afin qu'ils puissent se ressuyer et perdre l'excès de leur eau de végétation. On opérera, après quelques jours, un nouveau triage et on déposera les tubercules sains, le plus tard possible, mais toujours avant l'époque des gelées, dans une cave sèche, peu ou point éclairée.

L'*ensilotage* comme moyen de conservation ne paraît pas avoir obtenu l'assentiment des cultivateurs. On lui objecte de s'opposer au triage facile des tubercules, et par suite de ne pouvoir les employer au début de leur altération. Les silos dits *africains* et munis au fond d'un puits d'écoulement n'ont pas produit de meilleurs résultats. La commission belge s'est accordée à regarder, d'après diverses expériences, l'ensilotage comme plus dangereux qu'utile. L'humidité, en effet, exerce une très nuisible influence sur les tubercules légèrement avariés; elle entraîne cette année la pourriture. Ainsi, des tubercules récoltés dans un même champ ayant été placés à peu près par moitié, les uns dans un lieu sec et aéré, les autres dans une cave humide, les premiers se sont conservés presque complétement, un tiers des seconds a été gâté. A Belfort, un jour de pluies abondantes a suffi pour porter d'un vingtième à un tiers les ravages opérés sur les tubercules exposés à la pluie.

M. Stas a fait des observations semblables; il a vu la maladie étendre d'autant plus ses ravages que les tubercules se trouvaient placés après leur récolte dans un lieu plus humide. Ainsi, dans de la terre desséchée ou dans un lieu sec et bien aéré, les progrès du mal ont été très lents et se sont même limités naturellement; la portion malade se contracte en effet, se retire pour ainsi dire sur elle-même et se détache de la portion saine. Partant de cette observation, M. Lindley a conseillé de placer les tubercules par lits alternatifs de terre bien sechée ou de cendres, de manière à arrêter les progrès de la maladie, à compléter la maturation des tubercules, imparfaite au moment de la récolte, à fournir par suite aux pommes de terre une partie des qualités qui leur manquent, et arrêter enfin par le contact de cette terre desséchée la tendance extraordinaire que manifestent la plupart des tubercules à produire déjà des bourgeons à cette époque de l'année.

Un des membres de la commission belge a conservé parfaitement sa récolte jusqu'à ce jour en roulant les pommes de terre dans la poussière et en les disposant par couches de $0^m,25$ à $0^m,30$ d'épaisseur.

Ce serait, sans doute, ici le lieu de traiter de l'action du chaulage, soit comme moyen de conservation, soit comme engrais, mais je rencontre à l'égard de ce procédé les opinions les plus contradictoires. Tandis que M. Morren le recommande, à l'exemple des agriculteurs anglais, comme un moyen infaillible de détruire les germes des moisissures et de remplacer avantageusement le fumier, d'autres agronomes ont cru devoir se prononcer contre son efficacité. Entre deux opinions aussi opposées, l'une et l'autre sans doute beaucoup trop absolues pour être généralisées, il paraît ressortir clairement des faits observés que si le chaulage n'a pas toujours répondu, cette année, à l'attente de l'expérimentateur, il a du moins produit en certains lieux des avantages qui suffisent pour fixer sérieusement l'attention de nos agriculteurs.

En général, on le conçoit, les moyens de conservation ont dû nécessairement varier suivant les théories admises pour expliquer la cause initiale de l'affection. Cependant on s'accorde généralement à recommander les moyens de dessiccation pour la conservation des tubercules avariés. Un jour d'exposition au soleil ou au grand air, la disposition par couches peu épaisses, sous hangars ou dans des greniers bien aérés, ont produit partout de bons résultats. Je conserve depuis deux mois, dans un lieu sec, des tubercules très avariés, chez lesquels les parties brunes se sont circonscrites et se sont arrêtées sans nuire au tissu voisin. Des tubercules putrilagés se sont desséchés complétement par la simple exposition au soleil sur une dalle; je ne connais enfin qu'un très petit nombre d'exemples de tubercules qui se soient pourris après avoir été placés dans un endroit sec; je dis plus, j'ai déposé le 5 septembre, dans un cellier très obscur, sur du sable de rivière, des tubercules malades qui, aujourd'hui, ne présentent aucune nouvelle altération. C'est, du reste, le procédé suivi en Allemagne, et récemment recommandé dans la circulaire publiée par la Société industrielle de Mulhouse. Ainsi, avant de rentrer les pommes de terre, il sera bon de les étendre dans des granges ou dans des greniers, en établissant des courants d'air, afin de les sécher autant que possible.

Le sel marin, préconisé par plusieurs personnes, et récemment encore par quelques agronomes anglais, doit être rejeté. Des expériences faites par M. Melsens, d'après les données de M. Dumas, ont démontré que ce sel déterminait en vingt-quatre heures la putréfaction des tubercules avariés.

M. Boussingault, dans un des derniers cahiers des bulletins de la Société d'agriculture, a proposé un procédé applicable à la conservation des tubercules malades. Ce procédé consiste à faire cuire les tubercules à la vapeur, et, pendant qu'ils sont chauds encore, de les tasser très fortement et par couches peu épaisses, dans un tonneau ouvert. Quand le tonneau est plein, on le démonte, et on obtient une masse cylindrique qui, bien qu'exposée à l'air, mais à l'abri de la pluie, se conserve pendant plusieurs mois sans altération. Ce moyen, recommandé par un savant dont le nom est d'une si grande autorité, aurait été d'un immense avantage en Belgique où, comme l'a fait remarquer M. Dieudonné, on a été condamné à adopter non le moyen qui pouvait sauver toute une récolte, mais celui qui offrait le plus de chances d'en conserver la plus grande partie.

En résumé, la récolte des pommes de terre demande, cette année, à être surveillée avec soin.

Les tubercules devront être partagés en trois catégories.

1° Les pommes de terre reconnues de bonne qualité ne se gâtent point, ainsi qu'on l'avait avancé; mais, vu leur maturation imparfaite, elles demandent à être déposées d'abord dans des lieux secs ou aérés; puis, à l'époque des gelées, à être conservées dans des caves avec la précaution de les placer soit sur des planches, soit sur des bourrées ou fagots, afin de les isoler du sol.

2° Les tubercules légèrement altérés et marqués de taches brunes peuvent être conservés comme provision d'hiver, pourvu qu'on les dispose par lits, comme le proposent plusieurs personnes et en particulier M. Lindley. Les épluchures peuvent être données aux bêtes à cornes.

3° Les pommes de terre sur lesquelles la maladie aurait fait plus de progrès doivent être utilisées au plus tôt; on pourra les donner impunément aux porcs, après les avoir fait cuire.

Si néanmoins ces derniers tubercules ne peuvent pas être employés immédiatement, on devra s'empresser d'en retirer la fécule. Le procédé pour l'obtenir est fort simple et peu coûteux. Il faut râper les tubercules au-dessus d'un tamis en crin, verser de l'eau sur la pulpe en remuant le tamis au-dessus d'une terrine, d'un baquet, etc. On laissera reposer le liquide, et la fécule ou farine se précipitera au fond du vase. On enlèvera l'eau avec précaution, et on obtiendra ainsi une masse blanche qu'on fera sécher promptement, soit en l'exposant au soleil, soit en la plaçant dans un four dont la chaleur ne dépassera pas 30 à 35 degrés. Cette fécule se conservera en sac.

Ce procédé unanimement recommandé prouve jusqu'à l'évidence que la fécule ne se trouve ni détruite, ni même altérée, et que, sous ce rapport, mes observations, si contraires à celles énoncées par M. Morren, se sont trouvées exactes. Ce qui me fait revenir sur ce point, c'est que je vois encore aujourd'hui les préfets et les maires agir sous l'impression des premiers articles publiés en Belgique et conseiller à leurs administrés de rejeter les tubercules avariés.

LISTE

DES PRINCIPALES PUBLICATIONS

RELATIVES

A LA MALADIE DES POMMES DE TERRE

BAUMHAUER (Von). *Voyez* Moleschott.

BERGSMA (C. A.). *De Aardappel Epidemie in Nederland in der jare*, 1845. Broch. in-8. *Utrecht*, 1845.

BERKELEY (le Revér. J.). Lettre insérée dans le *Gardeners' Chronicle*, n. 35, 30 août.

BIDARD. *Voyez* Girardin.

BONJEAN (Joseph). *Lettres sur l'altération des pommes de terre et sur leur innocuité*. Courrier des Alpes, du 20-30 septembre. — Voir les Comptes rendus des séances de l'Académie des Sciences du 22 septembre, n. 700.

BOUCHARDAT. *Sur la maladie des pommes de terre et sur le moyen de tirer parti de celles qui sont altérées*. — Comptes-rendus, etc., 15 septembre, p. 631.

— *Expériences concernant l'action des sels ammoniacaux sur la végétation des pommes de terre*, id., p. 636.

BOURSON (Ph.). *Rapport adressé à M. le ministre de l'intérieur par la Commission chargée de l'examen des questions relatives à la maladie des pommes de terre*. Moniteur belge, 11-22 octobre, et des 15, 16, 17, 18 novembre.

DECAISNE (J.) *Sur la maladie des pommes de terre*. L'*Institut* du 3 septembre; comptes-rendus des séances de la Société philomatique.

— *Recherches chimiques sur la maladie des pommes de terre*. Moniteur belge du 6 septembre.— *Deuxième article* inséré au *Moniteur belge* du 11 octobre.

DECERFZ. *Sur la gangrène des végétaux et spécialement sur la maladie actuelle des pommes de terre*. — Comptes-rendus des séances de l'Académie des Sciences, 15 septembre, n. 11, p. 632.

Desmazières (J.-B.-H.). *Sur la maladie des pommes de terre.* — L'Écho du Nord, Lille, le 26 septembre.

Desvaux. *De l'altération des tubercules de la pomme de terre, de ses causes et de sa liaison avec la Frisolée.*— Bull. des séances de la Soc. royale et centrale d'agr., t. V, p. 66.

Dieudonné (le Dr). Rapport fait au Conseil central de salubrité publique de Bruxelles, *sur la maladie des pommes de terre.* Broch. in-8, Bruxelles, 1840.

Duchartre (P.). *Sur la maladie des pommes de terre.* — Écho du Monde Savant, 21 et 28 septembre.

— Revue Botanique, tom. I, p. 147.

— *L'Institut*, Comptes-rendus des séances de la Société philomatique du 30 août.

Dumortier (B.-C.). *Observations sur la Cloque des pommes de terre.* — L'Émancipation belge, n. 2, 3, 4 novembre.

Durand. *Sur la maladie de la pomme de terre.*— Journal de Caen des 8 et 25 septembre.

Gardener's Chronicle, à partir du 16 août.

Gazette de l'Association agricole de Turin du 24 septembre. *Rapport sur la maladie des pommes de terre.*

Georges (le Dr). *Sur la maladie des pommes de terre.* — Broch. in-8, Bruxelles, 1845.

Gérard. *Observations nouvelles sur la maladie des pommes de terre.* — Revue Botanique, I, p. 177.

Girardin et **Bidard.** Rapport adressé à M. le président de la Soc. d'agric. de la Seine-Infér. *sur la maladie des pommes de terre en* 1845 *et sur le moyen d'en tirer parti.* — Vigie de Dieppe du 7 octobre.

Gravet (Dom.). *Lettres sur la maladie des pommes de terre*, adressées au rédacteur du *Journal de Flandre*, 1, 2, 3 novembre.

Guérin-Menesville. *Note sur les Acariens, les Myriapodes, les Insectes et les Helminthes observés jusqu'ici dans les pommes de terre.* Bulletin des séances de la Société royale et centrale d'agriculture de Paris, tome V, n. 3, p. 331; 2 planches.

Journal de la Société d'agriculture et Comices agricoles du département des Deux-Sèvres, du 25 juin au 25 août.

Kick et **Mareska.** *Rapport sur l'épidémie actuelle des pommes de terre.*— Annales de la Société médicale de Gand. Broch. in-8, 1 planche, octobre 1845.

Le Maout (Ch.). *Avis aux cultivateurs sur la récolte des* *pommes de terre en* 1845. — Pilote de la Manche.

LIBERT (Mlle). *Lettre sur la maladie des pommes de terre* au Rédacteur du Journal de Liége, 19 août, n. 196.

LINDLEY (John). *Voir* les numéros du *Gardener's Chronicle.*

MARESKA. *Voyez* Kick.

MARTIUS (de). *Die Kartoffel Epidemie oder die Stockfaüle und Bande der Kartoffelen.* In-4, 3 pl. lith. et color., Munich, 1842.

MICHOT (l'abbé). *Opinion sur la maladie de la Solanée tubéreuse.*—Moniteur Belge des 7 et 8 septembre 1845.

MOLESCHOTT et Von BAUMHAUER. *Het wezen der Aardappel-ziekte,* etc.—Broch. in-8, 1 planch. lith. Utrecht, 1845.

MONTAGNE (le Dr C.). *Observations sur la maladie des pommes de terre.*—Bulletin de la Société philom. dans l'*Institut* du 3 septembre, n. 609.

MORREN (Ch.). *Lettres au Rédacteur en chef de l'*Indépendance Belge, 22 août. — Id. du 30 août, id. 2 septembre, 9 septembre, 19 octobre.

— *Instructions populaires sur les moyens de combattre et de détruire la maladie actuelle des pommes de terre.* — In-12, broch.

MUHLENBECK. *Sur la maladie des pommes de terre.* — Société industrielle de Mulhouse, broch. in-8, en allemand et en français.

MUNTER. *Sur la maladie des pommes de terre, d'après les observations faites dans le nord de l'Allemagne.* — Comptes-rendus des séances de l'Acad. des Sciences, 30 novembre.

PAYEN. *Notes relatives à l'altération des pommes de terre.* — Comptes-rendus des séances de l'Acad. des Sc. du 8, 15, 22, 29 septembre 1845.

— Rapport à M. le Ministre de l'agriculture et du commerce, au nom de la Société royale et centrale d'agriculture, *sur la maladie qui attaque les pommes de terre.* — Bulletin des séances de la Société royale et centrale d'Agric., t. V, p. 292, 2 planches.

PHILIPPAR. *Sur la maladie des pommes de terre.* — Journal des Débats, 19 septembre.

POTTER (de). *Voyez* Varlez.

POUCHET. *Examen de l'altération des pommes de terre.* — Mémoire accompagné de planches, présenté à l'Académie des Sciences, le 15 septembre.

Rapport de la commission d'agriculture de la province de Groningue, sur la maladie dont la pomme de terre est actuellement atteinte. — *Verslag der Commissie van Landbouw in de provincie Groningen over de thans heerschende Aardappel ziekte* dans le Nederlandsche-Staats-Courant, 16 septembre.

Rapport de la 1re classe de l'Institut royal néerlandais des Sciences, sur la maladie des pommes de terre. —*Verslag der Eerste Klasse van het Koninklijk Nederlandsch Instituut van Wetenschappen, etc.* — Même journal, 21 septembre.

ROEPER (J.). Article inséré dans une feuille allemande dont le titre m'est inconnu. Daté de Rostock, janvier 1842.

ROYER. *De ce qu'on paraît être convenu d'appeler la maladie des pommes de terre.* Article daté de Sarreguemines, 19 septembre, inséré dans le Journal d'agriculture pratique, t. III, 2e série, p. 164.

— Rapport adressé à M. le Ministre de l'agriculture et du commerce, *sur l'altération des pommes de terre en* 1845. In-8, Impr. royale.

SAUBIAC (DE). *Quelques mots sur la maladie des pommes de terre.* — Journ. soc. agric. de l'Ariége.

SCHMUTS (D.). *Expériences sur la conservation des pommes de terre malades.* — Narrateur Fribourgeois du 5 octobre.

SERINGE (N.-C.). Rapport de la Commission nommée dans le sein de la Société d'horticulture pratique du Rhône pour s'occuper *de la maladie des pommes de terre.* — Br. in-8, 1 pl., Lyon.

STAS. *Observations sur la maladie qui sévit sur les pommes de terre.* — Mémoire présenté à l'Académie des Sciences, séance du 22 septembre.

TOUGARD. *Sur la maladie des pommes de terre.* — Journal du Havre, article daté de Rouen, 3 septembre.

VARLEZ et DE POTTER. *Maladie et thérapeutique des pommes de terre.* — Lettre au Rédacteur du Moniteur belge du 29 août.

Imprimerie d'E. Duverger, rue de Verneuil, 4.

TABLE DES MATIÈRES

www.ingramcontent.com/pod-product-compliance
Ingram Content Group UK Ltd.
Pitfield, Milton Keynes, MK11 3LW, UK
UKHW012232240726
13966UKWH00003B/1065

9 782013 07